县（区）域
新型智慧城市建设研究与规划
——以青岛市城阳区为例

李守林 郭伟亚 著

中国农业科学技术出版社

图书在版编目(CIP)数据

县（区）域新型智慧城市建设研究与规划：以青岛市城阳区为例／李守林，郭伟亚著．--北京：中国农业科学技术出版社，2022.7
ISBN 978-7-5116-5796-1

Ⅰ.①县… Ⅱ.①李…②郭… Ⅲ.①现代化城市-城市建设-研究 Ⅳ.①C912.81

中国版本图书馆 CIP 数据核字(2022)第 108850 号

责任编辑　金　迪
责任校对　马广洋
责任印制　姜义伟　王思文

出 版 者	中国农业科学技术出版社
	北京市中关村南大街 12 号　邮编：100081
电　　话	（010）82106625（编辑室）　（010）82109702（发行部）
	（010）82109709（读者服务部）
网　　址	http://www.castp.cn
经 销 者	各地新华书店
印 刷 者	北京建宏印刷有限公司
开　　本	185 mm×260 mm　1/16
印　　张	9.5
字　　数	231 千字
版　　次	2022 年 7 月第 1 版　2022 年 7 月第 1 次印刷
定　　价	86.00 元

▅▃▁ 版权所有·翻印必究 ▁▃▅

前言

2020年3月29日至4月1日习近平总书记在浙江考察时指出："推进国家治理体系和治理能力现代化，必须抓好城市治理体系和治理能力现代化。"随着中国城市化进程推进，城市治理的问题愈来愈复杂且多样，县（区）级城市不断发展的同时，县（区）级城市治理问题也逐渐引起人们的思考。推进新形势下的县（区）级城市治理现代化，要基于县（区）级城市发展和需要，着力于加强党的领导和科学赋能，将新一代信息技术手段融入县（区）级的建设和改造当中，不断完善县（区）级城市综合治理工作。

今天，在移动通信、超感知物联网、云计算、大数据等新一代信息技术的全面变革下，社会的发展进程已离不开互联网的支撑，社会的主要生产因素已逐步被各种信息化手段所替代，在这样的背景之下，许多国家已率先开展智慧城市建设，我国一些地区也相应提出了智慧城市发展战略。智慧城市建设的范围正在逐步扩大，从最初的中心城市和地级市开始规划，逐步开始向县（区）级这种中小城市下沉。根据国家统计局2020年发布的数据，在我国县级区划2 844个，县级市388多个，县1 312个，自治县117个，而县域的数量已达1 871个，目前县（区）域城市数字化建设的途径比较集中，将来会在中国智慧城市发展的浪潮中成为不可或缺的重要因素，更会成为推动我国智慧城市变革的中坚力量。

本书从基础概念到具体应用，讲述了大数据、人工智能、物联网等技术在县（区）域智慧城市运行中的体现，从新一代信息技术的发展带来的城市运行模式变革为切入点，详细探讨了在复杂的城市系统前提下，如何以普适、高效、快速的方式来构建起适应县（区）域智慧城市规划的一种方法体系。本书按照智慧城市的架构分章节介绍县（区）域新型智慧城市的建设研究与规划，梳理了现有的新型县（区）域智慧城市的现有基础和成效，重点阐释了以山东省青岛市城阳区为例的中国新型智慧城市快速发展过程中县（区）域城市的发展情况，说明了在当前环境下，如何通过超前思维、前沿技术、创新方法来获取更广阔的视野、更敏锐的角度与更新颖的思路，从县（区）域智慧城市的概述、设计、规划与架构体系出发，论述县（区）域智慧城市在建设过程中的理论基础、设计规划与对策建议，为县（区）域智慧城市下一步的发展提供了参考价值。

本书共八章内容，第一章围绕国内外智慧城市发展情况进行概述，第二章是对县（区）域智慧城市概述与理论基础的描述，第三章是县（区）域智慧城市基础建设设计与规划，第四章是县（区）域智慧城市数据层设计与规划，第五章是县（区）域智慧城市平台层设计与规划，第六章是县（区）域智慧城市应用层设计与规划，第七章以实例谈县（区）域新型智慧城市建设经验及启示，最后一章是关于推进县（区）域新型智慧城市建设的对策及相关建议。

由于著者写作水平有限，书中不足之处在所难免，恳请国内外相关专家和学者对本书内容提出宝贵意见和建议。

著 者
2022 年 5 月

目录

第一章 国内外智慧城市发展情况概述 ··· 1
  一、国外智慧城市发展情况研究 ··· 1
  二、国内智慧城市发展情况研究 ··· 3
  三、青岛市城阳区基本情况介绍及智慧城市建设分析 ······················· 8

第二章 县（区）域智慧城市概述与理论基础 ······································· 13
  一、县（区）域智慧城市综合概述 ··· 13
  二、县（区）域智慧城市建设背景 ··· 15
  三、县（区）域智慧城市建设分析 ··· 18
  四、县（区）域智慧城市总体设计与规划 ··· 20

第三章 县（区）域智慧城市基础设施设计与规划 ······························· 23
  一、基础设施层设计概述 ··· 23
  二、网络体系建设 ··· 25
  三、数据中心和机房建设 ··· 29
  四、云计算中心建设 ··· 33
  五、信息安全建设 ··· 38
  六、城阳区基建现状和规划建议 ··· 44

第四章 县（区）域智慧城市数据层设计与规划 ··································· 46
  一、县（区）域智慧城市数据层设计 ··· 46
  二、基础数据库 ··· 47
  三、多元业务数据库 ··· 49
  四、元数据 ··· 51
  五、数据服务 ··· 52
  六、数据块和数据融合 ··· 55

七、数据层安全防护 …………………………………………………… 56
　　八、城阳区数据层建设使用现状和规划建议 ………………………… 58

第五章　县（区）域智慧城市平台层设计与规划 ……………………… 59
　　一、新型县（区）域智慧城市平台层 …………………………………… 59
　　二、县（区）域智慧城市平台层设计架构 …………………………… 62
　　三、县（区）域智慧城市平台层建设内容 …………………………… 64
　　四、县（区）域智慧城市平台层应用服务 …………………………… 65
　　五、县（区）域智慧城市平台统一权限和身份认证服务 …………… 68
　　六、县（区）域智慧城市平台统一监控和告警平台 ………………… 72
　　七、县（区）域智慧城市平台数据融合集成支撑平台 ……………… 76
　　八、城阳区平台层使用现状和规划建议 ……………………………… 78

第六章　县（区）域智慧城市应用层设计与规划 ……………………… 80
　　一、县（区）域智慧城市应用层设计规划概述 ……………………… 80
　　二、县（区）域智慧城市应用层部分系统介绍 ……………………… 83
　　三、城阳区智慧城市应用层系统建设内容分析 ……………………… 122

第七章　县（区）域新型智慧城市建设经验总结及启示 …………… 124
　　一、县（区）域新型智慧城市建设经验总结 ………………………… 124
　　二、县（区）域新型智慧城市建设启示 ……………………………… 133

第八章　推进县（区）域智慧城市建设的对策建议 ………………… 137
　　一、思想层面 …………………………………………………………… 138
　　二、经济层面 …………………………………………………………… 138
　　三、技术层面 …………………………………………………………… 139
　　四、民生层面 …………………………………………………………… 141

参考文献 ……………………………………………………………………… 143

第一章

国内外智慧城市发展情况概述

一、国外智慧城市发展情况研究

物联网、人工智慧AI、云端运算等工具,与城市里的交通、自来水管道、电力设备、建筑物等设备系统形成有效率的互动,提升了政府效能,也改善民众生活品质。

新加坡政府在1992年提出"智慧岛计划"之后,美国、韩国等国家分别推出了自己的智慧城市计划,推进智慧城市的建设,并最终于2010年掀起全球的浪潮。

1. 美国的智慧城市发展

以美洲模式的先锋——美国智慧城市发展为例,美国较早地开始进行智慧城市的发展建设,美国首个智慧城市将城市公共资源与数字化服务通过网络进行链接,例如在城市的住户家中或商业体内安装具有水、电自动计量的装置,通过物联网技术将装置获取的数据进行收集并加以分析,通过该种手段政府可了解整个城市的资源使用与分配情况,最终达到能源的节能减排目的,同时在城市可持续发展上有效地提升了居民及商户的认识。

纽约市也很早地进行了数字城市改造,他们将触摸式智能显示屏安装在一些老式的电话亭中,通过互联网将这些电话亭的显示屏进行串联起来,利用显示屏来播放广告等各式信息,市民随时可对信息进行浏览查看,同时在城市大面积覆盖Wi-Fi,使纽约成为全美拥有最大规模的Wi-Fi网络覆盖城市。另外,纽约市还在城市部分地区安装了大量的电子侦测设备,利用这些设备可实时对区域内的交通情况、空气质量等关键数据进行采集,还建设了包括利用地下管廊的垃圾处理系统,这些都为城市的智慧化运行提供了保障。

哥伦布市在智慧城市基础设施建设方面也是超前的,该市在整个市域内建设了无线网络,通过分阶段的实施部署,已将无线网络速度从70Mbps大幅度提升到150Mbps,极大地满足居民及企业的用网需求,已成为北美地区速度最快的网络环境[1]。

2. 亚洲的智慧城市——首尔

目光放回亚洲,韩国首都首尔是一座古今共存、新老交融、历史与现代不期而遇的巨大城市——现代摩天大楼林立，高科技公共立体交通遍及，高级时装与传统的佛教寺庙、宫殿和街头市场相得益彰，互融共生。首尔有着千万级的居住人口，其城市智慧化建设是当前亚洲智慧城市建设的标杆，被称为智慧城市发展的先驱和领导者。首尔通过成为不同智慧城市实验的"生活实验室"来进一步完善智慧城市体系的建设，首尔公共生活的每个方面几乎都以技术为指导，从综合公共交通系统到政府的紧急警报系统。

首尔有明确的开放治理战略，这使得城市治理更加透明，促进了市政府与市民之间的开放交流，例如在OASIS在线政策建议系统中可以在网上使市政府直接接收公众的计划和建议，它还提供对1 200多个开放数据集的访问，有超过500万组的建议被上传。2013年3月，市政府还开始使用嵌入在智能手机中的GPS在移动地图中提供信息——例如在当地哪里可以找到免费Wi-Fi区域、无障碍设施、洗手间、停车场等应用程序，并线上对这些区域进行智能管理。自2009年以来，首尔针对最有可能被数字排斥的人群开设了智能消费技术课程，包括移民、低收入人群以及不知道如何使用智能设备的老年人，2009年至2011年期间，这些课程吸引了超过47 000人，并且市政府现在正准备提供更高级的课程，让市民参与改善城市的智能服务。在交通方面，首尔的道路使用OLEV（在线电动汽车技术），允许车辆在行驶时从路面无线充电，由于它们不需要为整个旅程保持足够的电量，因此首尔道路上的公交车的电池是大多数电动汽车的电池的1/4左右。

3. 欧洲的智慧城市——阿姆斯特丹

荷兰的这座城市热情地接受了智慧城市概念和技术，创建了大规模开放数据库，其中包含从每个市区收集的12 000个数据集。通过配备物联网信标的3 700m^{2}区域的实验室，进行多数据收集，管理者可以使用智能设备访问这些数据。其智能城市建设主要体现在以下4个方面。

（1）可持续生活。荷兰第一大城市阿姆斯特丹拥有超过40 000个家庭，占到该国CO_2排放总量的1/3。通过节能智能技术，减少CO_2的排放，节约能源。阿姆斯特丹同时启动了一系列节能计划，其中，Geuzenveld计划的重点是在700多个家庭中安装智能仪表及能量回馈显示装置，让他们更加关注自己的能源利用状况，并学习制定家庭节能计划。在WestOrange计划中，500个家庭将会尝试采用一种新的能量管理系统，以节约14%的能量，并同比例降低CO_2的排放。

（2）可持续发展。阿姆斯特丹智慧建筑的计划是通过对各种类型的资源进行最合理的配置和利用。智能大楼可以减少能耗，但不会对大楼的工作和居住造成不利的影响，而且可以通过对大楼的特定数据进行分析，从而提高其工作效率。在这些建筑中，ITO大厦是一个试验性、示范性工程，占地38 000m^2。

（3）可持续运输。阿姆斯特丹拥有数量巨大的小汽车、巴士、卡车、游船，这些车辆船舶的CO_2排放对城市的环境产生了很大的影响。为了有效地处理这一问题，城市启动了EnergyDock计划，即在阿姆斯特丹的73个码头上安装了154个电力接口，方便游船和货船进行充电，并使用清洁的电力来代替原来污染很大的燃料引擎。

（4）可持续的公共空间。乌特勒支大街是阿姆斯特丹市区标志性街道，狭窄拥挤的街道两旁都是咖啡馆和旅馆，平日里穿梭往来的巴士、货车等都会时常导致交通堵塞。在2009年6月，城市开始了一项旨在改进先前情况的街道计划[2]。

而上述所有项目，最终都将与该政府在2014年启动的能源地图项目紧密联系在一起，通过能源地图得到最终的管理。项目初期，由于不同项目参与方往往也不知道具体可用哪些资源，而且缺乏相关数据来做出最佳决策，同时，城市运转积累了庞大数据，却并不知道如何利用。这也引发了城市管理者的思考：如何利用这些数据来改善城市环境，解决城市发展面临的诸多挑战。

在欧洲，很多城市能源管理项目还停留在概念层面，为了打破这种僵局，各相关方必须参与到城市数据的共享进程中来，能源地图以互动地图的形式提供了获取城市各类数据的开放接口，部分是和能源直接联系，部分是和能源间接联系，但建设方必须综合考虑能源消耗的各方面因素，通过分析城市规划和建设方式（房屋建造年份、居住面积、朝向等），以及消费者的行为（城市功能区、人口、收入），交通路况等，来提供最有利的解决方案。

二、国内智慧城市发展情况研究

1. 国内智慧城市建设现状分析

智慧城市是中国政府数十年来将城市数字化和计算机化作为增强中国综合国力计划的一部分。中国的智慧城市建设一直处于摸索阶段，全国范围内没有建立起标准、统一的模式。鉴于中国东中西部地区经济、社会、科技发展的不均衡性，前期很多地方政府根据实际选择部分县区进行智慧城市试点建设，各县区的智慧城市建设水平、模式也各不相同，这使中国智慧城市的建设朝着非线性和不可预测的发展轨迹进行探索，但经过一段时间的试验，现阶段中国的智慧城市政策已经开始整合和逐渐标准化。现阶段发展主要是自上而下的，由政府投资推动，通常与地区发展情况相呼应，所以大部分智慧城市建设项目位于中国经济更发达的东部沿海地区。2018年，一些咨询公司乐观地将国内智慧城市市场规模定为7.9万亿元人民币（合1.1万亿美元）。

几十年来，中国的智慧城市计划是从早期的信息化政策有机演变而来的，因此，这些计划的制定是在每个时期不同范围的政策背景下孕育而生的。在20世纪90年代，数字城市政策以国家测绘局的发展举措为中心，致力于监督国内制图工作，随着时间的推移，该部门扩大了其产品组合，以涵盖新的数字测绘技术，这些主要集中在中国所称的"3S"技术——地理信息系统（GIS）、全球定位系统（GPS）和遥感（RS），通过这些技术对地理数据尽可能详细地挖掘来扩大政府决策者可获得的数据范围，以便于更好地进行城市管理。在20世纪末期，"信息城市"的概念侧重于通过将现有的政府系统（如市政管理和城市基础设施系统）纳入数字规划中来实现城市信息化，包括将这些系统与信息技术联系起来并使电信基础设施进行无线通信，这些举措让政府获得了更加高效的城市管理和部门衔接。近些年来，智慧城市的建设旨在通过标准化和互操作性来缓解这些政府信息系统之间的数据流动，同时通过末端信息技术收集新形式的数据，向更广泛的政府执行者提供与其职责和决策相关的信息。

在今天，智慧城市概念的主导形式是"新智能城市"（新型智慧城市），是指采用物联网、云计算、移动网络和大数据系统等新一代信息技术来提高城市规划和治理的智能与自动化水平，最大化地将网络空间数据进行挖掘，为城市带来可持续动能[3]。在未来，伴随着中国城市基建的不断投入，智慧城市的搭建也将持续向更加深入的方向渗透，涉及的应用场景也将进一步扩大与转变，人们将以更加便捷的生活方式生活，企业将以更智慧的经济运作方式经营，政府将以更加协同化的智慧管理方式运作。

2. 国内智慧城市未来发展趋势

2012年起，全国共有90多个智慧城市试点项目通过审批，中国智慧城市更是以雄心勃勃的力量继续向下推进，已完成了大多数城市智慧化建设的顶层设计，持续不断地基于新一代信息技术为智慧城市管理和公共服务实施提供解决方案。

截至2019年初，一项行业研究显示，中国智慧城市试点项目总数接近800个，其中包括由国家发改委和其他部委认证支持的项目约300个。目前94%的省会级城市和25%的县（区）级城市已完成了智慧城市顶层设计或总体规划，中央和地方政府源源不断地为中国智慧城市的发展注入大量投资，迄今为止，智慧城市试点项目估计已获得超过1万亿元人民币（1399亿美元）的政府投资。据市场情报预测显示，中国智慧城市的市场规模将由2014年的0.74万亿元以每年2倍的速度增长，预计这些资金的一半以上将流向弹性能源和基础设施项目、数据驱动的公共安全和智能交通等优先领域，但随着时间的推移，智能城市投资预计也会多样化，有助于新型智慧城市的发展和解决方案的实施，这也充分地说明智慧城市的建设为城市的可持续发展创造了无限机遇和强大动力。

放眼未来，中国城市将更加繁荣，发展层级不断跃升。未来，智能城市将会发生技术革命、工业变革，共享经济、物联网、云计算等前沿技术，将城市打造成具备超强感知力、计算力、通信能力的新型智慧之城。智慧城市会在3个层次上实现，第一是以数字为基础，实现万物感知；第二以网络为基础，实现万物互联；第三在智能化基础上，实现高效生活，在感知、协同、融合、共享、智能方面真正做到社会的智慧化[4]。

3. 智慧城市关键技术应用分析

中国在开发和部署智慧城市项目所需的通信技术方面取得了显著进展，一大批智慧城市的项目正在统一的规划中加紧建设，并逐步突破了大量的技术壁垒，实现了数据的广泛共享，培育了数个超大型网络数据基地，构建了坚实的信息安全体系，促进了科技向产业经济赋能，催生了无数的新产业、新模式、新业态，推动了创新成果转移和科技成果产业化应用。据国家工业和信息化部（简称国家工信部）和其他中国政府机构的统计数据显示，被视为智慧城市关键组成行业，如物联网、大数据、云计算和信息安全产业，都在为增强智慧城市能力中发挥着关键作用。

（1）物联网。在智慧城市的建设和运营中需要很多技术的支撑，尽管形式不一样，但都在智慧城市中发挥着必不可少的推动作用，尤其是物联网技术。由于智慧城市和政府的治理方法依靠大量的实时数据，需要对这类数据进行统一收集、分析与处理，物联网技术正是实现此过程的最佳解决方案[5]。最普遍的设备就是各类型物联网传感器和摄像头，它们不断以各种形式实时收集详细信息，可以实时收集汽车站、交通枢纽的路况情况、大型机房的运行状态以及各种办公、住宅楼的能源使用情况。通过对这类数据的采集和分析，政府等相关的机构可以精准地进行不同资源的分配。根据中国经济信息社2018年的一份报告，中国的物联网产业从2010年（物联网被确定为核心发展重点领域后不久）的约2 000亿元人民币（280亿美元）增长到2018年的近1.5万亿元人民币（2 098亿美元）。根据相关研究机构预测，中国物联网产业规模在2025年将达到2.7万亿元人民币规模。

（2）大数据。随着物联网系统的运作，每天会产生无数的数据，人们所用到的各项应用也都主要由后台的数据进行驱动，政府机构几乎所有的决策，例如公共政策、方案评估、资源调配等无论是长期战略决策还是短期的临时决策，必不可少地要通过对城市相关数据的分析来做出决定。其实，随着物联网收集到大量的数据，大数据分析和物联网数据的采集已经是密不可分，正在逐步地进行融合，大数据可以借助物联网传感器采集到的海量数据提高自己的分析准确度，应用领域包括智能汽车、医疗保健、交通运输以及能源管理等各个方面。

根据国家工信部下属智库中国电子信息产业发展（CCID）的报告，2019年大数据领域的核心产业预计将增长至少25%，达到7 200亿元人民币（1 007亿美元）。根据2017年国家工信部提出的发展计划，到2020年，大数据销售收入预计将达到1万亿元人民币（1 399亿美元）。统计数据显示2020年，中国大数据实际产业规模1.1万亿元，中商产业研究院预测2022年中国大数据产业规模将超过1.4万亿元。

（3）云服务。在建设智慧城市时，我们主要的工作都是围绕大数据系统来进行数据采集、分析的，它作为一个支撑层，是智慧城市运行的关键。但云计算服务对于大数据平台的实践来说，是更为核心的关键，它所带来的信息革命效果是更加强烈的，云计算服务平台可以让数据的使用者和一切相关人员都能获取到自己想得到的不同类型的时空大数据，它与物联网系统共同的作用下，可以为城市中流转的数据赋能出更大的价值，从而使城市在智慧化运行过程中所需要的各项综合服务都能及时得到满足，并且以非常基础的价格就能让需求者获得自己想要存储的数据空间，极大地增强了人们在城市生活中的体验感，使云计算服务在智慧城市中的优势真正地显现出来。在云计算服务的加持下，各项综合服务平台和个性应用得以推动，让各部门的信息孤岛和数据分割不再延续，真正地让社会各主体受惠[6]。

根据中国信息与通信技术研究院（CAICT）的白皮书，2018年中国公共云市场达到437亿元人民币（61亿美元），同比增长65.2%。预计到2022年，该市场将翻两番，达到1 731亿元人民币（242亿美元）。

（4）人工智能。基于物联网和大数据，可以实现对智能城市运营的自动化决策，其实，物联网技术在得到充分运行的时候，很多情况下正是由于人工智能来决策的，在智慧城市中,人工智能的优点在于能够根据对应的逻辑自动地处理海量、高密度的数据,例如政务办公大厅线上服务系统可以利用机器人处理市民的业务;在智能工厂中可以应用智能物流机器人进行货物的搬运。在未来,人们可以利用人工智能进行深度学习和计算机视觉等AI应用的研发,极大地降低了智慧城市运行中的人工成本,增加了事件判断的准确性。

当前,中国人工智能公司受益于国家和政府对将人工智能发展为战略产业的政策支撑,人工智能正处于为智慧城市项目提供支持的关键地位。2017年,国务院宣布,中国为其人工智能行业设定了雄心勃勃的增长目标,包括发展1万亿元人民币(1 399亿美元)的国内人工智能行业等。中国计算机视觉公司,如商汤科技、旷视科技、云从科技和云天立飞,已逐步开发了世界领先的面部识别、步态识别以及车辆和人员识别算法,并在中国公共安全监控市场广泛应用。为了帮助解决高端人工智能人才短缺可能限制未来发展的担忧,中国30多所大学在教育部的指导下建立了人工智能学院,35所大学从2019年秋季开始提供本科人工智能专业。综合来看,从人工智能相关基础产业的市场增长、部署进展和教育优先得出,中国智慧城市的发展正在全速前进。

(5)5G通信。对于智慧城市而言,5G技术展示了它高速率、低时延、大容量的通信优越性,能够更高效地进行数据传送、收集等一系列工作。在智慧城市运行中,利用5G技术手段,一是进行多种网络融合,5G基站信号可形成一个超大型的网络以覆盖住整个城市,形成一张互联互通的大网,将不同网络之间相互独立的状态变为最终的共享状态,实现信息资源的快速整合并统一调配。二是进行海量信息的智能处理,将智慧城市中大量且复杂的信息进行智能化处理,要求对不同需求做出及时反应,并根据实际情况做出合理的判断[7]。

在2021年,中国"十四五"规划正式审议通过,规划提出要加强数字转型,智能升级,融合创新支撑,加快信息基础设施建设,融合基础设施,创新基础设施。

5G作为"新基建"七大重要组成部分之一,被认为是信息基础设施的代表。中国已经建设了1 420 000多个5G基站,其中有2亿多个5G终端,预计2022年末,5G基站数量将达到200万座,在原有的基础上将网络速度与网络的覆盖等方面进一步提升。随着5G网络的完善,智慧城市应用生态也将进入加速构建时期。

(6)信息安全。从1978年开始,中国内部安全机构面临新的挑战,试图通过技术来缓解这些挑战。中国经济在20世纪80年代和90年代的快速扩张伴随着大量的国内人口迁移,这削弱了地方政府和基层安全组织有效监控当地人口的能力。国家在改革开始时预见到这种挑战,公共安全机构已经做好准备,通过加快监控技术的开发和部署来应对这种挑战。1978年,公安部成立了第一、第二和第三研究所,每个研究所都开发了一系列监控技术,从摄像机到计算机网络和互联网监控工具。该部还设立了国家级科学技术局,在省市公安局内设立了相应的部门和办公室,这些实体机构负责规划和实施部署当今中国公安机关的大规模监控技术与方法。

早在中国正式拥抱智慧城市之前,信息安全技术的使用方向已经转变为利用信息和通信技术改善大规模公共安全监控。国家统筹规划信息安全建设,逐步推进项目建设,取得了巨大成就。例如,1998年的金盾计划,其中包括为省市单位建设一个全国范围的信息网络，随后是 2005 年的"3111 工程"项目，该项目在试验基础上在 22 个城市安装了视频监控系统。天网项目（天网工程）不久后开始支持在全国范围内安装视频监控系统。

2015 年国家颁布权威文件要求改进大规模安全监控，为信息安全建设提供支持。2015 年 4 月出台《关于加强社会治安防控体系建设的意见》，意见明确了社会治安防控体系建设的重要性，强调了加强信息网络防控网等方面的建设。文件要求扩大社会安全控制网络的范围，以提高公共安全问题的可见性，改善基础设施安全，加快在城市和农村地区部署视频监控系统和互联网监控，并将其与其他智慧城市技术相结合，作为社会治安防控体系的一部分。

4. 县（区）域智慧城市现状分析

县（区）是国家行政机关的最基层，它不仅连接城乡，更起到了承上启下的作用，是一个国家履行行政权力最重要的基石。目前中国有 2 800 多个县级区划，在智慧城市建设的历程中，县（区）级智慧城市建设是非常重要的。目前，县（区）级智慧城市建设已由筹划准备阶段向着探索实践阶段迈进，但在过去的智能城市建设中，许多理论研究较为薄弱，导致一系列的难点凸显出来，出现了许多愿景与现实相悖的问题，也困扰着政府机构和解决方案服务商。如何在技术水平、人才供给等各种复杂条件的制约下，依然能够按照省、市、县（区）三级政府的统筹规划，协同打造出从总体设计、路线推进、模式应用等多方面构建起适合县（区）域城市发展的智慧城市显得尤为重要。县（区）级城市在进行城市智慧化建设时的主要特点是县（区）级城市不能相对独立建设智慧城市，大量的建设方案要按照地级市统筹建设的项目实施，并且需要直接使用地级市的建设成果来进行配套使用，如果在地级市尚未进行统筹配套项目建设的情况下，县（区）级城市要结合自身特点来进行独立的建设，要找准民生问题的主要矛盾与产业发展的主要方向，以此为依据，自行开展智慧城市的创新建设工作[8]。

县（区）级智慧城市建设存在的共性瓶颈问题有以下几个方面。

（1）没有建立智慧城市统一的体系架构。从现阶段各区域智慧城市建设来看，县（区）级城市政府部门及各街道对智慧城市的认识不够统一，不同区域往往在建设智慧城市时侧重点并不相同，例如：城市规划部门会从城市规划建设角度去考虑智慧城市的建设，财政部门会从数字经济角度去规划智慧城市。每个部门的方案都相对独立，没有形成一套完整的体系架构。

（2）没有用超前的眼光看待未来的问题。目前各县（区）级政府在制定智慧城市方案时，往往专注于当前的民众需求，尤其重视各种软硬件的投入，但当一个个智慧项目经过大量的时间投入落地并运行后，却发现依然解决不了当前人民的现状需求，导致各种智慧应用、智慧服务并没有给民众带来多少获得感。城市管理与服务理念没有和智慧化策略形成高度的匹配。

（3）智慧城市的关键技术尚未突破瓶颈。在智慧城市的建设中，将会涉及很多的核心技术，比如大数据、物联网、人工智能。每一项技术的网络体系建设都涵盖了县（区）域城市的交通、水利、电力等多个领域的智慧改造，因此，新一代信息技术的课题突破本身就是漫长的过程，基于多业务融合的关键技术突破更是迫在眉睫，按照传统的技术思路和模式，无法支撑今天万物互联的智慧城市新格局。

（4）智慧城市的新发展模式有待探索。在智慧城市构建概念模型的过程中存在着很多关键要素，这些要素需要政府、企业和民众的高度参与，它既是构建高维度的智慧城市，应用进程，也是城市在业务维度和经济社会发展中的一项重要任务。在中国智慧城市的发展过程中，多数城市都在强调政府职能部门的信息化建设，往往企业和民众却没有真正的关注，由政府作为主导方，企业作为投资方，民众作为高度参与方的智慧城市发展模式还没有真正形成。同时，智慧城市建设的管理体系、投融资架构、标准化管理与等级评价制度还需要长期的探索。

三、青岛市城阳区基本情况介绍及智慧城市建设分析

1. 城阳区城市基本情况

青岛市城阳区，地处青岛市区最北端，东靠崂山区，南面靠李沧区，西靠胶州湾，毗邻胶州市，北靠即墨区。东西向最大横向距离为41.5km，南北最大纵向距离为24km，地势平坦，起伏较小。下辖城阳、流亭、夏庄、惜福镇、棘洪滩、上马、河套、红岛8个街道办。土地利用面积583.68km^2，常住人口110.96万人。目前，城阳区正加紧落实习近平总书记关于青岛的一系列重要指示，正在全力推进城市振兴、建设现代化国际大都市、加快"一带一路"国际合作新平台，全域高质量发展正在展开。从青岛发展进程看，随着东岸老城区发展基本饱和、西岸城区发展已成规模，城市发展空间梯次推进，发展重点已向胶州湾北岸转移，向更广阔的北部腹地辐射延伸。城阳区作为青岛门户和北部副中心，是带动胶州湾北部地区跨越发展的核心区域，未来将是承接与疏解老城区产业、人口及公共设施等城市功能的重要战略平台。

城阳区经过近几年的快速发展，在经济、社会领域都取得了不错的成绩，为智慧城市建设打下了良好的基础，突出的优势主要有以下几点。

（1）经济发展全面。2021年全区生产总值年均增长6.1%，达到1 334.2亿元；一般公共预算收入年均增长7.2%，达到163.6亿元；货物贸易进出口总额年均增长14.7%，达到1 319.6亿元。城阳是中国百强产业区、中国百强创新区、中国百强主城区、中国百强高质量区、中国百强投资区。

（2）拥有强大的工业基础。产业门类齐全，链条完善，重点发展高端装备制造、新能源材料、新一代信息技术、医药生物健康、现代服务业等五大产业，其中，轨道交通全产业链产值突破千亿元大关，正在向5 000亿元产业集群加速迈进。与深圳市的高科技产业合作，共引进69个粤港澳合作项目，总投资906亿元；青岛天安数码城、青岛数字产业园等已建成；深圳信息通信研究院青岛研发中心、正威偏光片生产基地等项目也已启动。从农业发展的角度，引进袁隆平院士的"海洋稻"技术团队，以"土地改良+智能农业+乡村振兴"为核心，"九天芯"芯片与"后土云"操作系统纷纷开展

使用，同时国家耐盐碱水稻技术创新中心已批复，产业化推广进展顺利。2020年海水稻国内种植10万亩（1亩≈667m^2，全书同），亩产超400kg，2022年计划签约改造100万亩，未来将在全国推广亿亩荒滩变良田。同时，城阳区目前已累计培育高成长性企业929家。

（3）智慧城市发展环境优越。在政务服务环境方面，建成启用全市一流的城阳市民中心，在全市率先推行"独任审核制""告知承诺制"，被评为山东省第一批法治政府建设示范区、2020年营商环境等级最高的城市。"十三五"期间，市场主体增长182.5%、发展到22.6万户。在城市人居环境方面，累计启动71个社区旧村改造，规划建设安置房1 026.1万 m^2，惠及居民5万余户，10个社区完成回迁；整治提升老旧小区50个，惠及居民2.5万余户。城阳全力打通大青岛交通血脉，"三大枢纽节点、五大过境通道"建设工程顺利推进，新机场高速连接线主线贯通，华中路（后阳段）、双积路节点立交桥等实现通车；同时，新建改扩建双元路、春阳路、长城路等127条市政道路，打通30条"断头路"，城市核心区道路骨架基本形成。在自然生态环境方面，全市大气优良天数比例为85.2%，全市大气优良率提高13.3%。实施"五水绕城"生态环境提升工程，治理河道23.9km，全面消除劣V类水体。

（4）民生发展有保障。就业规模不断扩大，截至"十三五"末，全区办理就业登记人数达到41.8万人、位列全市第二位，占常住人口的38%，城市平均失业率为13.5%，平均失业率为4%，持续偏低，城乡居民人均可支配收入为5.76万元，较"十二五"末同比增长42.6%；城乡收入比下降至2.35，较"十二五"末缩小0.07个百分点，城乡收入差距逐步缩小。把发展夜经济作为促就业、保民生的重要手段，出台促进夜间经济发展的扶持政策，鲁邦国际风土人情街被评为全省特色街区，吕家庄夜市成为"网红打卡地"，优质公共服务资源加快集聚。获批国家基本公共服务标准化综合试点等社会事业类试点工作7项。教育方面，"十三五"期间，新建、改扩建中小学48所，较"十二五"增长129%。北京师范大学青岛附属学校、中国科学院大学青岛附属学校等已招生，清华附中、中央民族大学附中即将开工，清华育才实验学校、北京八中、首师大附中等项目陆续签约；青岛墨尔文中学在校生533人，一批毕业生进入剑桥大学、宾夕法尼亚大学等世界一流学府，入选2021胡润中国国际学校80强。医疗方面，以全省第一名成绩通过国家级健康促进区验收，世界500强中铁建康养总部已注册落地，中铁建·青岛WELL健康城年内开工。文化事业蓬勃发展。在全区最好地块建设"三馆一院"，体育馆、大剧院投入运营，档案馆对外开放，博物馆开馆在即，城阳区获评山东文化强省建设先进区、全国群众体育先进单位。

2. 城阳区智慧城市建设分析

近年来，城阳目前正大力实施"数字城阳"建设，目前城阳区共建设5G通信基站3 493个，数量位居全市前列，2023年5G基站数量将达到4 300个以上，实现重点区域5G网络深度覆盖。建成全省第一条5G智慧灯杆示范路，在全市率先完成"青e办"App城阳分厅试点建设，全省首批新型智慧城市建设试点顺利通过中期评估，城阳智慧城市大数据中心、智慧城市运行监测（指挥）中心、特色智慧应用等方面初具成效，初步形成"政府主导、社会参与、市场运作、统筹发展"的新型智慧城市建设新标杆，全面启动胶州湾北部核心区新动力、提供新动能、激发新活力。

（1）在信息基础建设保障方面。城阳区坚持集约化建设理念，建设了城阳区新型智慧城市一体化安全可控网络，实现5G网络试点和人员密集场所Wi-Fi覆盖；提供集约共享的云服务，建设数据资源共享平台，建立统一的数据模型、数据体系、数据标准及协议；构建城阳区空间地理信息系统，打造集时间与空间为一体的3D立体城市精细模型；建立统一的视频大联网体系，提供视频资源共享服务，全面支撑城阳区新型智慧城区建设。一是升级优化高速互联通信网络，建设区大数据中心网络，连接电子政务外网、视频监控网络及无线Wi-Fi网络等多张网络，实现全区新型智慧城市多网络的互联互通，形成"智慧城阳一张网"。二是构建集约共享云计算服务体系，整合现有计算存储资源，构建统一、高效的智慧城市云计算服务平台。鼓励企业上云，积极推进各职能部门新建信息化应用使用云平台资源，加大云平台的投入使用力度，有效减少重复投资，缩短工程的施工时间。三是在建设区建立了一个安全可靠、按需服务的区级新型智慧城市大数据应用平台，实现整合区各部门的指挥调度。四是建立统一的视频大联网体系，通过整合政府和社会现有视频资源，实现视频大联网的集约化管理，通过视频云提供综合服务，结合人脸识别和车辆轨迹监控等技术，提升视频信息分析应用能力。五是构筑安全可控的网络空间，建立了面向党政部门、重要行业领域、关键基础设施的安全防护体系，在个人隐私和数据资产等方面进行全方位保护，同时加强舆情监管，提供网络违法信息以及舆情分析，及时防范风险和打击不法行为。

（2）在优化公共服务创新方面。城阳区率先打造充分体现城阳特色条块结合的智慧城市服务新体系，建立面向公众的智慧城市服务门户及App，为公众提供统一、方便、快捷的Web端及移动端的服务渠道；以"一次办好"为目标，深入推进"放管服"改革；综合利用政府及社会的各种数据资源，利用物联网，云计算，大数据，人工智能等技术手段，改进公共服务的内涵，优化服务方式，实现精准服务、主动服务，打造智慧教体工程、智慧医疗工程。一是打造集成面向公众服务和面向政府的智慧城阳统一门户。整合现有各类服务入口，如网站、App、公众号等多个服务渠道，集成各类服务内容，面向社会提供贯穿生命周期的应用入口、服务预约、在线办事、状态查询、消息推送、电子支付以及面向外籍人士的外文专栏等服务，同时将门户网站的各类服务及办事申请同步对接到全区统一的App，促进公共服务一体化、便捷化、个性化，构建多渠道、互联互通的政府服务体系。二是建设集成全服务入口的App。集成城阳政务服务事项，重点开发城阳特色模块，如交通出行、文化惠民、智慧体育、企业服务、市民随手拍、信息发布等，打造具有城阳特色的、性价比高、可运营的"智慧城阳"App。三是打造高效便捷的政务服务体系。以跨部门协同为核心、以流程再造为关键，构建基于人脸识别、证照共享、智能填表、创新的行政服务系统，实现在线办理、无感办理、就近办理、全区通办、一证通办。四是全力开展智慧教体工程。通过数据的共享和交换，将教育所需的公安的户籍信息、人社的社保信息、房管的房产信息数据以及学生家长就业公司的工商信息等，通过统一的接口规范，与教育系统现有的应用对接，解决目前招生方面信息人工核验困难的问题。同时，将全区体育服务内容、场馆资源等进行有效整合，在全区统一的对外门户、公共资源共享平台上对社会开放，提高居民运动健身积极性。五是建设智慧医疗体系架构。以居民健康需求为导向，充分利用并融合提升现有人口健康信息服务平台、医疗数据中心资源和基层医疗机构信息系统，整合区、街道、社区医疗卫生资源，打通社保医保相关数据，建设居民健康信息管理平台、医疗大数据云平台、慢病管理、远程医疗，提高医疗健康的智慧化服务水平。实现与市级优质医疗资源互联互通，建立"小病在社区，大病进医院，康复回社区，健康进家庭"多级就诊服务体系。完善"互联网+医疗"体系，促进基本公共卫生服务均等化，实现"公共卫生与市民零距离"。

（3）在创新城市治理方面。城阳区以城市运行监测为核心，以区、街道、社区和网格为节点，全面融合、深度挖掘政府、社会等信息资源，打造一个技术先进、数据共享、响应灵敏、运行畅顺、处置专业的区运行监测中心，实现城市运行情况与发展态势全面感知，推进城市治理的融合与创新，转变治理模式；在综合治理、监管执法能力上加快提升，通过建设智慧城管、智慧管廊、智慧政务管理等工程，实现城市治理精细化、标准化和智能化。一是建设区运行监测（指挥）中心。建设集运行监测、综合管理、多功能视频、语音会议、信息发布等多应用功能的中心大厅。打造城市运行的可视化、态势发展趋势的可预测、服务效能的可量化评估、城市安全的风险可控的智慧平台。二是建设智慧城管工程。加快建立综合管理服务平台，构建一体化的城市管理信息系统，实现"感知""分析""服务""指挥"与"督查"五位一体，对城市部件设施数据进行普查更新，并整合其他部门的视频资源及数据资源，实现了对整个工业系统的城市运营数据的收集与管理。三是建设智慧管廊工程。收集整理区已有基础地形资料，为地下管道信息系统的建立奠定了基础。建立城阳区地下管网数据库，并将其与各小区、企事业单位的管道进行一体化管理。建立了地下管线信息管理平台，对地下管线数据库进行动态管理，并进行了专业化的应用。四是建设智慧水务工程。强化饮用水水源地水体保护，提升河流、渠道水质、水文监测水平，推行海绵城市与水环境综合整治相结合建设理念，提高制水、用水、管水和污水处理等涉水全周期的管理智慧化，研究制定智慧水务总体规划和设计方案。五是建设市场监管和预警系统。融合已建设的区市场监管平台，基于全区统一的空间地理信息一张图，通过构建执法、信息化装备及执法App系统等，实现生产经营主体、监管部门、执法人员基于一张图的监管及执法。

（4）在培育智慧产业发展方面。城阳区加快打造具有城阳特色的大数据产业体系；构建创新创业环境，吸引智慧产业落户城阳，推动大数据、物联网、人工智能与各行各业融合创新发展；构建精准主动的企业服务模式；建设人才匹配及信息管理平台，构筑人才高地，吸引高端领军人才汇聚城阳区，以产促城、以城兴产、产城融合，最终形成智慧产业集聚效应；以盐碱地稻作改良为平台，逐步实现土壤改良化、土地数字化、农业智慧化，创建智慧农业全球联合创新中心，采用"平台+生态圈"战略，推动农业的数字化转型，建设智能化农业生态链和智能化农业示范基地；一是打造精准主动的企业服务平台。建设企业服务平台，通过收集企业需求，依托法人库数据支撑，为辖区企业提供精准的主动服务，进一步优化营商环境。二是全力打造智慧产业聚集与发展基地。以产业生态城等项目为载体，吸引全球生态伙伴及众多创新企业入驻项目，融合智慧产业应用，进行本地发展，在全国范围内形成有影响的智力产业聚集和发展。三是积极推动智慧农业发展。根据城阳区袁隆平院士小组和城阳区桃源河域盐碱地"四维改良"技术，利用"九天芯"作为技术核心，依托"后土云"智慧平台，构建了一个以"九天芯"为核心的生产环境监测、大数据存储分析、智能设备控制、标准化生产管理、农业生产指导、农产品溯源等于一体的平台，实现土壤改良化、土地数字化、农业智慧化。

第二章

县（区）域智慧城市概述与理论基础

一、县（区）域智慧城市综合概述

作为国家经济的基本单元，县（区）域经济的发展趋势关系到全国的经济走势。据统计，中国县级区划2 800多个，县和县（区）级市总数超过1 700个，是城市市地区的2倍。截至2019年底，全国的县（区）地区生产总值39.1万亿元，占全国41%，一郡之地的力量，不可小视。全国百强县所占国土面积不足2%，人口占7%，GDP总量占10%。同时，县（区）域也面临困局：包括百强县在内的广大县（区）域需要突破发展瓶颈，实现新突围；区域发展依然不平衡，一些中西部、东北地区的县（区）域长期无缘百强。

县域不仅是中国经济发展的根本，更是农村发展的核心环节，是推进农村工业化进程的重要载体。县（区）域作为经济发展的主力和推进区域发展的重要环节，它作为城市与乡村的连接通道，促进了区域平衡的发展、推动了产业的升级，最终实现了高质量发展，具有无可替代的作用。"十四五"规划提出城市群建设和乡村振兴战略，而连接城市、乡村的县（区）域地带并未被时代遗忘。2020年6月，发改委发布了《关于加快开展县城城镇化补短板强弱项工作的通知》，提出要强化县城的基础设施和服务功能，着力打造以疏解中心城区功能为核心功能，优化城镇化空间格局的县（区）域功能，体现了县（区）域发展在国家政策中的重要性。

智慧城市是利用信息技术的一系列手段，尽可能地整合现有的资源，以提供给市民优质服务和生活便利的一种方法，从而将城市变为更加适合市民全面发展和生活的城市。利用物联网、云计算、大数据、空间地理信息技术，结合新的城市建设模式和新的观念，加快推进城市工业化、计算机化、城镇化和农村现代化。

与大区域的智慧城市相比，县（区）域智慧城市具有一些新的特色。县（区）域智慧城市是指通过使用各种信息技术手段，把新的一代信息技术充分使用在县（区）域中的各行各业，从而创造出基于知识社会的县（区）域智慧城市，以县（区）为单位，实现城乡一体化、信息化、工业化、乡镇一体化，缓解乡镇迁往城市的问题，提高乡镇化的质量，提升整体资源利用率，优化县（区）域的管理和服务，从而达到更细化更动态的灵活管理，并提升了县（区）域级管理的效率及改善人民群众的生活质量。

与广义的智慧城市相比，县（区）域智慧城市以区县（区）级为单位和管辖范围，主要专注于更为基础和特色的基础设施建设，如红绿灯、社区分级、智慧停车、智慧园区等，以相对较小的范围性管理为基础，更加贴近居民生活，所需要考虑的东西更为烦琐和零散，需要充分深入人民群众的生活中去，将更多的重心放在柴米油盐等日常中，统领整合以小区为单位的小范围智慧城市架构，以人体结构作为比喻，国家级智慧城市是人体，市级智慧城市像器官，那么区县（区）级智慧城市就是以肌群为单位，整合所有的细胞，拧成一股，来达到综合治理和承上启下的作用。

在开发和整合城市信息资源方面，县（区）域智慧城市更加注重细微的方面，对基层的数据更为依赖，没有更加广泛的大数据作为支持，就需要以现有的资源为基础，获得区域范围内的更精确的拟合数据，从而达到构建智慧化体系，实现智慧化管理的目标。同时，县（区）域智慧城市还可以向上，从市级智慧城市获取数据和技术、政策支持，将附近区域的数据纳入参考范围，一定程度上减弱人口流动带来的不确定性，实现真正的智慧化管理。

广义的智慧城市主要有下面几个特征，一是具有复杂的巨型系统。智慧城市通过各个领域，各个层面的系统有机地互联互通起来，最终形成一个极其复杂的体系架构。二是资源集中与大数据融合。相比较而言，县（区）域智慧城市的系统体量较小，不需要构建大范围的复杂系统，复杂度较市级智慧城市更低，相对而言就更加依赖区域内的数据，更加精细，容错率也相对较低。同时，县（区）域智慧城市也承上启下，承担着为市级智慧城市提供数据和资源的义务，在服从市级智慧城市管理的同时，需要将筛选过的数据呈交给市级智慧城市系统，数据的传输过程和安全性也存在着一定风险。

从现在的情况来看，智能城市的建设已经有了4个方向。一是为人民谋福利。二是要树立科学的城市经营理念。三是扩大工业。四是政府投入的效益。在县（区）域智慧城市的范围内来看，可以将这4个目标大致理解为，首先利用范围较小的优势，精耕每一个小目标，甚至将权力下放，以小区、街道为单位，构建一个整合性质的智慧系统，将更多的权限往下伸长，务必将市民的每一项意愿都纳入考虑范围，实现与市民之间智慧化管理的最后一步距离。其次，通过充分理解市级和省级智慧城市的要求，配合大范围的智慧城市规划，将有利用价值的数据整合起来，初步进行处理，在县（区）域智慧城市系统中进行利用的同时，向上呈递给市级智慧城市系统，以进行更大范围内的大数据处理和曲线拟合，通过更大平台的数据，反过来辅助县（区）域系统处理小范围内的数据，效率更高，更加准确。最后，在引入智慧城市运营公司时，可以通过分散投标，提高技术整合率，将更多的技术吸收进智慧城市系统，同时将风险分散，有助于政府机构进行管理。

当然，在技术创新的层次上，技术进步程度与社会经济发展程度有关。将这些对应在县（区）域智慧城市的范围内，意味着因地制宜，根据每个区县的差别，来制定相对应的智慧城市策略。经济较为发达的区县，可以广泛招标，更为灵活地制定策略，容错率较高，同时可以为后来的区县提供借鉴；经济发展较为落后的区县，则以经济建设和发展作为目标，服从管理的同时，借鉴更为发达地区的经验，避免在发展过程中走岔路，互相扶持，发展完整、平衡的智慧城市系统。

智慧城市建设的核心并不是以往信息化手段能够解决的[9]，所谓的核心，就是以信息融合共享为驱动力，打破数据壁垒，解决因技术问题导致的因信息障碍、部门冲突带来的数据隔离。与最早提出的智慧城市不同，今天我们在进行智慧城市顶层规划时要充分考虑创新工作，其中最重要的是技术的创新，要在各行业、各领域内建设用于存储海量数据的云端数据库，通过云来进行统一的处理分析，同时，各类型业务要实现互联互通，使城市管理变得更加精确、更加高效。另外，要加大力度开展基础设施建设，组建完整统一的基础网络，随着智慧城市数据量的增加，大带宽网络的需求将会是未来最迫切的需求。

对于县（区）域智慧城市来讲，难度不在于数据的收集，而在于数据的处理和整合。县（区）域智慧城市的数据体量不大，这就意味着要从这其中挖掘数据价值和可用性的难度较大，相当一部分数据是没有利用价值的，或者说价值相对较低，数据处理的难度就在于要将这一部分数据分离出来，将更有价值的数据收集起来，提供给平台和应用层，向决策人员展示。另外，在智能城市2.0时代要进行一次革新，也就是在运营模式和管理模式上的革新。自建、自营是智慧城市1.0的一个典型特点，2.0时代，专业公司的运作、政府特许经营，政府通过政府购买服务来为市民提供服务和管理。

此外，新的业务模式创新，也是对传统行业进行重组，曾经在各类传统产业中产生的利益关系也一定发生改变，由此会催生出更多的新经济业态。例如在智慧社区的建设过程中，将会用到大量的服务型工作岗位，带来更多的就业机会，这就为县（区）域智慧城市的建设提供了一定的发展方向。通过建设系统的招标和外包，将更多的就业岗位提供给基层的群众，同时，智慧城市的拆分承包也有利于政府机构进行管理，不同的社区、街道可以选择不同的承包单位，在广泛吸纳新技术的同时，分散的智慧城市数据也降低了信息泄露和被违法利用的风险，更进一步，分散的数据处理也降低了承包单位的门槛资质，更多的公司投入到智慧城市的建设中来，不仅有利于对中小企业的扶持，在政府单位的项目中积极参与，也有助于提高企业的归属感，将更多的企业绑到"战车"上来，获取更多的收益。

二、县（区）域智慧城市建设背景

县（区）域级城市将成为中国未来城镇化的重要区域，中国大城市和中小城市发展明显，甚至一些大城市数量已经达到峰值状态，人口增长不再攀升。但近年来农村人口增长较快，在中心城市，很多农民都想通过在县城和中心城市建房赚钱。除了新农村建设，还有改革现有税制，除了实行"县省级管理"税制外，还应加快县（区）级行政体制改革，合理划分省、县的权力，在县（区）级政府，要优化县（区）级权力结构，提高县（区）级政府效能。当前县（区）一级的权力机构仍然存在着党政职能重叠、部门机构重叠等问题。当事件发生时，相互制约，冲突就会形成恶性循环，从而极大地限制了县级政府的权力运作。与此同时，由于部门多、机构分离等原因，中央和地方各级财政持续增加，因为这些资源没有得到妥善配置，未能实现应得的利益。适应城乡一体化发展需要推进当前的管理创新。制度创新应从以下几个方面进行建设。

（1）创新基于社区自治的社会管理单位建设。统筹城乡发展，需要建立城乡一体化的社会管理。这个新的默认社会单位应该是一个"社区"，中国的城市和乡村实行社区治理体系，全面满足城乡发展总体规划要求的文明、和平的"社会生活社区"，建设有序治理、服务全覆盖的社区，创建基层治理单位。实现城乡一体化，真正打破现有农村治理和社会治理的二元结构。

（2）在社区自治的基础上创新社会治理单位建设，要使城乡融合发展，必须建立一个城乡融合的社会治理结构。以新农村聚落建设为突破口的实践值得探索，许多农民的新聚集地已经在城市附近，新的交通或流通枢纽正在形成，即新农村社区建成，事实上，这些社区已经与城市融为一体。立足新农村社区，推进居民民主自治，要健全社区的新型行政管理与服务制度，将社区转变为治理有序、服务全面、一个文明和和平的社区。为居民提供有效的公共服务和生产，主要取决于民营企业的贡献，越来越多的农民自愿加入新社区并获得宝贵的经验，研究农民如何成为居民以进行自我检查，这是一个巨大的吸引力。

通过上面提到的多种模式，在靠近城市、靠近交通或交通中心的地方，建立了许多农民的新集聚区，也就是一个新的农村社区。在实践中，这些社区已经融入城镇和村庄，这是农民成为城市居民的主要途径。农村新型社区建设要综合考虑到农民的意愿、明确乡村的边界、设立村民自治组织、民主选举、建立工作机制、农民的主动参与等诸多方面。

新农村社区建设在新农村和数字城市建设中占有重要地位。在新农村社区建设初期，应大力发展农村各类公共社会服务企业，要适当调整新社区与行政村，为了管理新村社区的事务，村党组织和村委会要给予新村社区一定的自主权。

（3）县（区）政府与民众合作的主要目标是创新政府权力结构的重构。目前，大部分农村社会发展较差，无法实现农村社会独立发展，县（区）政府可根据当地经济社会发展水平选择因地制宜的数字化建设方案，如建设"公立学校"智慧校园。如果地方农村社会充分发展，就可以实现农村社会的自治，如果有一定程度的自治和社会经济基础，就可以大力建设"数字农村"或"数字社区"，这对于"数字城市"的发展起着关键性的促进作用。在工商经济较发达、地方财政较好的地区基本达到城镇化水平，可以采用"赋权"改革的方式，进一步扩大地方政府的自主权，将其转变为比较全的政府，允许其行使数字化改造权力，结合当地发展来建设新型智慧社区。在欠发达的地区，尤其是以农业为主要经济来源的地区，在农村税费改革之前，政府财政主要依靠农业税来获取收入；在农村税费改革之后，上级政府的转移支付便成了政府财政主要来源，这样地区的结构性收入不足以支撑建设体系完善的县（区）级政府，更难以去建设新型智慧社区，所以要不断强化县（区）级政府的基础经济收入，构建起适合当地发展的农村公共服务体系[10]。

（4）以县（区）域行政服务转型为重点，创新"以县（区）为本"的农村治理体制改革。县（区）级政府的转型是必然的。一是农村体制改革必然会影响部门政府的转型，只有部门与村、社区的联系，才能有效保障农村体制改革的成果；二是部门政体构成了一种组织场域,对城市形成了一种"同构"压力,如果县(区)政府不进行相应数字化的改革,不管市政府的制度安排和农村基层组织的设计多么好,都会因为这种"同构"的压力而扭曲,使它们回到原来的"本源"改革。县(区)域数字化管理转型的目标是建设服务型政府,重塑"以县(区)为本"的农村或社区治理体系。因此,县(区)政府应着眼于如何加强农村、社区公共服务建设,提高公共服务绩效,通过提供公共服务来开展农村治理,将"服务"取代了过去的"吸纳",成为政府与民众关系中的一个重要步骤。主要包括以下几个方面。

一是利用信息化手段提高城市基础建设的能力。在新的智能城市建设中,移动技术、物联网可以应用到城市建筑、桥梁、道路、管道和电线杆等公共基础设施。将检验数据实现批量自动采集并上传至县(区)服务中心,通过收集、分析和处理统计数据,城市管理者可以实现远程管理城市并合理地将基础设施资源进行分配,以实现管网扩容、节能降耗的目标。

二是利用信息资源提高管理科学化和精细化水平。对于县(区)域城市来说,往往会忽视城市建设规划。规划跟不上建设和规划过程中的变化,县(区)域的许多发展甚至继续蔓延到所有地区,严重影响了这座城市。要以网络治理和社会服务为驱动,以城市数字化建设为契机,充分利用科技手段,加快建设与经济社会发展相适应的城市治理功能。智慧城市的核心是信息资源的不间断流动。把信息化技术运用到城市管理中,把每个要素都数字化,从而构成"数字城市"。然后,运用动态城市建模、大数据分析、人工智能等技术,对城市的运行机理和发展趋势进行分析,提供上下联通的数字化转型发展意见。

三是城市公共服务模式创新提升。面对流动性和社会开放度不断提高的现状,以及不同民生需求、不同利益、个性化服务、便捷方式的新形势,迫切需要有效划分人群的媒体生活。公共服务资源匮乏、城乡差距拉大、均等化和普遍化水平不高是长期存在的问题。在财政权力不断扩大和权力下放的背景下,基层政府拥有了更多的自主权和决策权,同时对其服务能力也提出了更高的要求,尤其是发展较慢、财政紧张的县区级政府,往往面临更繁重的公共支出挑战。一个更明显的问题是地方提供医疗、教育等多种公共服务的能力不足,城乡公共服务分配不平衡。2019年,由国家发改委等七个部委共同印发《关于促进"互联网+社会服务"发展的意见》,要推动"互联网+社会服务",推动社会服务数字化、网络化、智能化、多元化、协同化,使社会服务更好地惠及人民群众,促进新动能发展。

公用事业和智慧城市不仅是信息技术的应用,更是输出渠道和服务形式的转变,可以不断创造新的产品和服务,让公共服务更加舒适包容[10]。

四是数字经济加速城市产业发展转型提升,新技术在智慧城市建设中的应用,对当地产业发展起到了重大推动作用。智慧城市基础设施建设对电子信息产品产生了旺盛的需求。电子信息生产的加强,不仅促进了当地生产的发展,它还为城市提供了大量的工作。另外,信息化技术不断渗透到传统行业,加速了电子商务、智慧农业等行业的转型与现代化。新的商业模式不仅促进了世界范围内的农业、制造业的优化与现代化。这对全球产业结构调整具有重要意义。例如,"互联网+"可以促进生态旅游和乡村旅游,而农业电子商务可以促进制造、加工、仓储、物流和电子商务服务等辅助产业的发展。

综上所述，县（区）域智慧城市居民民生和社会治理项目更加注重以人民为中心、服务人民、便利企业。智慧城市也正是因为县（区）域智慧城市更加贴近百姓生活，聚焦人民群众关心的热点和难点问题，所以，普及智能城市的基础设施将会持续地提升人民的获得感、幸福感和安全感。

整体来看，中国县（区）域综合的承载能力和治理能力还比较薄弱，产业的聚集协同程度还比较低，创新的体系建设也比较薄弱，区域的发展不够均衡，与能够完全满足人民美好生活还有一段比较大的差距。"十四五"对县（区）域发展提出了更高的要求，县（区）域亟待找到一个新的赛道，能实现新的突围。

目前为止，在各大中型城市全面建设智慧城市、夯实数字新基础的同时，各县区也在逐渐形成新的城市建设新空间。中国的新型智能城市从最初的中心城市到地级，逐渐向县级、区级的发展，"数字化"的成果，不仅惠泽了大城市，而且在广大的县城和农村地区，也同样如此。

县（区）域城市智能体通过整合数据，强化应用，使城市在更加高效的运行模式下运转。以快速发展的技术能力和富有价值的创新经验，赋能县（区）域数字化转型，让建设的成效最终落实到"人"的获得感上。

三、县（区）域智慧城市建设分析

随着互联网、大数据、云计算技术的广泛应用，新型智慧城市发展战略已被各地政府写入城市发展规划中，必将利用新一代信息技术全面提升城市治理与经济发展，实现政务高效、业态兴盛、民众安居的效果。建设县（区）域新型智慧城市是党中央、国务院作出的一项重要决策，是中国信息化建设和新型城镇化建设的重要成果，这是建设智慧社会的重要手段。县（区）域智慧城市的主要目标是全时服务，推进新一代信息化建设。

县（区）域的发展是区域发展的一种特殊形式，是政治、经济、社会、人口、资源、环境等方面的系统。县（区）域空间作为纽带和腹地，它的发展大致反映了经济结构的发展趋势和增长水平，县（区）域不仅是国家的重要组织，也是积极发展的主体和国家政府的主要职责。

首先，中国的县（区）域是由街道、社区及农村构成的。县城作为城市的基础治理版图，是城市发展的中轴。县（区）政府是中国的主要行政单位，是国家政府的基础。它们在中国发挥着非常重要的作用，辐射农村，连接城乡。在县和城市之间，县（区）域大多是农村地区，因此城乡之间、县与都市区之间也存在双重划分，所以推进城乡一体化解决城乡二元性的最大任务在县（区）域。中国的大部分土地都是县（区），大部分人口居住在县（区）域内。一是中国新型工业化集中在当前水平，县（区）域城市在农业发展中要充分利用现代化农业生产，将此作为重要的驱动，从而进一步加强对整个地区甚至一个国家的工业化程度做出贡献。二是城镇化集中在县

(区）级，城镇化最重要的表现就是城乡经济的一体化、承担大城市影响和管理、解决农村庞大劳动力的问题。三是建设数字化城市最根本的问题就是下沉到县（区）级，县（区）域的信息化建设是新农村建设的重要载体，也是提高地区内信息化水平的最有力途径。四是营销的根基在县（区），中国经济想要最终实现商品化，那么只有县（区）域逐步实行经济商品化，建立适应中国体制下的市场经济发展框架，形成具有中国特色社会主义的新型县（区）域经济发展体制。五是要保证县（区）域的可持续发展，县（区）作为区域生态环境中的一个重要部分，在保持区域生态平衡方面具有无可替代的作用，只有走好可持续发展这条路，中国经济的可持续发展才能得到最大的支持[11]。

县（区）域智慧城市建设就是要"向上延伸"和"向下拓展"，"向上延伸"将上级的各个业务内容在县（区）域地区进行落地和整合，县（区）域地区作为基层行政单位更贴近群众，可更有效地整合及实施各个不同的业务。"向下拓展"则是要做好对于更小的社区、乡村等的智慧城市单元的引领作用，基于上级行政单位的标准，将智慧城市建设与本地的实际情况相结合，打造具有自身特色的县（区）域智慧城市。县（区）级智慧城市进一步整合不同行业的信息资源，只有做到这些资源的有序聚合、细化共享、统筹分析和充分利用，才能实现"一体化"的应用服务，为城市居民、区地企业和政府管理者提供了跨层级、跨地域的整体服务，从而展现出县（区）域智慧城市的"智慧"之处。

县（区）域智慧城市更贴近乡镇百姓的生活，而这也正是人类与自然最直接的接触，县（区）域智慧城市不仅需要考虑资源短缺、环境破坏的问题，更需要实现绿色低碳发展，维护人与自然的可持续发展。县（区）域智慧城市在这方面需要围绕废水废气处理、新能源利用、建筑节能、生态环保、循环经济等，从而实现县（区）域资源的可持续利用系统，打造在环境方面更"智慧"的城市。

从技术上来看，县（区）级智慧城市是一个综合多种信息技术的完整综合平台，通过新一代信息技术的融合与应用，将县（区）域物理世界与网络虚拟空间一一融合。这创造了一种新的局面，在这种情况下，物理世界和虚拟世界并存，虚拟世界和现实世界融合。

目前县（区）域城市智慧化建设缺乏标准、普适、统一的架构。跨层级、跨部门的信息传递尚未做到互联互通，政务数据未得到充分利用、信息基础设施重复建设、网络安全存在严重隐患。希望在全国范围内，建立统一的体系结构，统一的平台，统一标准达到预期效果，例如将城市应用到云端，实现集约共享，实现政府办事"一次"，实现政府数据开放共享，打通基层政务服务"最后一公里"，提高城市综合治理水平。

在县（区）域智慧城市建设要充分考虑到智能体的建设，通过建设具有全面感知、高效协同并且可以进行智能深度学习和分析处理能力的数字化系统，将数据作为第一驱动力。另外，县（区）域城市智能体建设需要走差异化路线，中国县（区）域数量比较多并且地域特色也很鲜明。因此，县（区）域智慧城市的建设没有办法直接照搬大中型城市的智慧城市"模板"，需要有效结合地区发展形式，制定差异化路线。城市智能体不仅适配大中型城市，也能延伸至广大的县（区）域，来提供"县（区）域方案"。

四、县（区）域智慧城市总体设计与规划

首先，发展智慧城市的基础是要将数字驱动力作为最关键的环节，科学有效地利用大数据驱动来为县（区）域城市数字化建设提供源源不断的动力，那么就要将信息资源通过应用层面使其发挥最大的价值。目前多数地区的大数据建设仍然没有顶层设计和统一的数据接口，在信息传输层面缺乏标准的数据规范，从而导致信息资源流转的不完整，最终导致智慧城市无法发挥其最大的作用，所以需要对政务信息处理体系进行重新构建，最终助力智慧城市的快速发展。目前，中国多地已经设立了基于政务的大数据开放平台，推动了政企间的数据流通，利用将政府、企业等多方的数据互联互通，从而实现调动社会力来为人民群众提供更"智慧"的服务，所以我们需要通过数据双向对接和开发调动社会力量来解决城市问题。

在县（区）域智慧城市的建设中，要考虑到互联互通网络与在大数据中的应用。由于区县（区）级不便单独建设大型数据中心，因此县（区）域地区往往不具备全面数据整合、存储与应用的硬件基础，数据的整合、互联互通网络及大数据的应用便需要上级省市层面来统一部署，仅凭县（区）域地区一己之力很难完成，我们现在需要做的便是数据中心以租用为主将有限范围内的数据进行整合，形成县（区）域地区的特色业务。

县（区）域新型智慧城市建设要更加重视相关职能部门间的协同协作，加大主要责任部门管理能力的杠杆机制，促进大数据、通信、互联网等新一代信息技术产业的发展与创新，通过政府职能的有效规划，进而培育出适应城市发展的刚性需求，构建具有可持续发展、可持续更新的现代化城市模型，从县（区）、乡、街道、农村、园区入手，通过细致入微的解决方案，而不是大刀阔斧地建设新型智慧城市，地级市要作为智慧社会的最佳载体，而数字村、数字园区则是乡村振兴和数字中国的有力工具。因此，一方面要充分利用信息库、共性决策平台、垂直应用系统等各种信息资源，通过一个大的数据交换中心或平台，起到快速收集底层的海量数据的作用，还要将本地数据存储在应用程序中，通过前端处理器、数据接口互通等方式，创建具有可视化的大数据资源，将大数据与本地智能应用数据库进行整合，由省市统筹，能够起到避免在智慧建设中的重复投入和资源浪费问题[12]。另一方面，通过县（区）级智慧城市建设将改善城乡差异，共同发展融合，弥合城乡数字鸿沟。最终形成能够深入城乡、完善统一的"互联网+"产业生态管理服务平台，形成城市与县（区）间互联互通、独具特色的一体化创新发展模式。

各县（区）作为实施数字中国战略、推进城镇化进程的重要单位，应建设国家和地方政府需求与区域发展相结合的智慧城市。通过信息技术推广和体制机制创新，推动智慧城市发展建设，推动实现经济社会高质量发展。县（区）域新型智慧城市产品定位应围绕：垂直应用、智慧平台、数据汇聚、物联网感知、GIS能力、保障与评价体系设计等展开，并以政务共享平台、物联网智能平台为基础，建设以基础设施层、数据

层、平台层、应用层为架构的智慧城市体系。采取"平台数据广泛、应用灵活配置"的设计理念，向城市中所有的使用者提供服务，保证了平台端与应用端的有效利用。其中平台端建设是县（区）域新型智慧城市在顶层架构上的能力平台，其中包括多个数据生产、数据处理、分析和共享子系统，具有各平台之间的紧密结合、相互支撑、开放集成的特点；而应用端建设则是面向多数场景下的智能应用，各应用系统具有灵活地、实时地调用平台端数据的能力，可以基于复杂的场景需求达到快速部署上线的目的，这些应用可以是企业自主开发的产品，也可以是其配套供应商或客户的产品，彼此之间相互耦合，可根据实际需求灵活配置。其中，基础设施层接入各类设施，做到全面透彻的感知；数据层由物联网络、通信网络等组成，做到宽带泛在的互联；平台区包括了市政公用设施，如：面向服务模型、云计算数据中心、城市基础数据库、共享能力接口、大数据管理等。总体设计规划有以下几个方面。

（1）在民生服务方面。一是需要便捷简化的政务服务，构建面向个人和企业的全程全时、精准主动的政务事项办理平台，具备完善的电子证照库，通过对数据库的充分共享，减少民众办事过程中递交材料的次数，实现"一窗办、一网办、一证办、无感办、全区通办"，做到"让数据多跑路、群众少跑腿"，同时提供多元化信息公开和政务服务渠道，为市民提供预约挂号、交通出行、生活缴费、社会保险等全方位信息服务平台。二是建设高效的政府内部办公系统，需要对现有系统进行打通，整合后台基础数据资源，实现一次数据采集支撑多项应用，避免资源浪费和重复劳动，同时在现有办公系统的基础上，需加快推进政府移动办公建设。三是打造健全的医疗保障平台，逐步运用远程诊疗、分级诊疗、家庭医生等现代化医疗手段，推进个人的健康诊疗档案在康养医疗中心共享使用；推动医疗与养老相结合，为辖区老人提供一体化服务，完善医疗应急预案体系和疫情防控协同机制，推进医疗服务水平的提升。四是建设优质的教育文化平台，大力发展远程教育、线上教育、社区教育等，丰富知识获取途径，形成开放、优质、均衡、共享的现代化教育生态，满足智慧城市现代化教育的需求，同时推进数字图书馆、数字文化馆、线上美术馆等广泛应用，打造多方共同参与的"共享、共建、共管、共赢"的大开放平台。五是建设完善的智慧社区平台，采用政府主导，社会化运营的方式构建智慧社区，围绕生活更便捷、更安全、更和谐，解决社区智慧化治安防控、个性化文体教育、主动化医疗养老服务和多元化社区公共服务等核心需求。

（2）在城区治理方面。一是搭建一个数据共享的协作处理平台，打通各个不同层次的数据，并在不同层次上进行数据的互联，建立业务协同、问题分析、应急联动与指挥调度，应充分利用物联网等技术，进行智慧城市的精细化管理，有效地打击违法犯罪活动、提升城市公共安全的有效管控，满足新形势下的城市治理和社会服务的需求。二是建设数据支撑与决策平台，将原始数据与新增数据进行整合分配，形势研判、业务发掘、隐情监测等服务功能与管理模式，打通各级数据交换的瓶颈，整合各领域相关资源，为城区运行管理部门及决策者提供有效的信息支撑，实现城市运转情况的实时监测、实时分析、统一联动与协调指挥。

（3）在绿色低碳方面。一是构建全面的环境监测平台，充分利用大数据、物联网等手段，强化环境治理与风险预警的措施。提供民众监督及反应途径，增强在城市环境治理方面民众的获得感，真正地将环境资源掌握在民众的手中，并有效地发挥公众参与的作用；对于新建的建筑要求利用 BIM 技术等应用，以保证城区绿色建筑的覆盖率。二是建设绿色畅通的交通系统，加大绿色低碳充电桩的部署，展开智能停车场试点，实现机动车交通事故、远程快速处理，实时发布各类路况、停车场等诱导信息，基于三维地理空间技术实现城区交通事件快速反应与处置，倡导绿色出行，创新交通安全教育。

（4）在基础设施方面。一是进行千兆网络的建设，提升基础设施建设水平，支撑城区智慧化建设，优先提升城区网络基础设施建设、数据存储基础设施建设和 5G 基站建设等，保障智慧化设施满足未来的发展与应用需要，为城区稳定运行、安全监督保障等建立基础。二是搭建物联网感知体系，建设统一的数据接入管理平台，实现对数据进行集中识别、接入与分发。加大物联感知设备应用领域与范围，推进物联感知设备在县（区）域公共安全视频监控采集、水利监测分析、环境状态研判、交通智能管理以及卫生事件感知等领域的应用，实现感知设备精准标识、安全接入，形成一体化、全方位的物联网感知体系。三是建设可靠安全网络环境，加强各类关键基础设施的保护，加大各类数据中心信息安全保护级别，加强政府、企业、个人重要的信息财产泄露的防护和相关隐私数据的保护。

第三章

县（区）域智慧城市基础设施设计与规划

一、基础设施层设计概述

县（区）域智慧城市是将信息化技术、数字化技术、智能化技术结合产生的现代大型综合体，而基础设施是智慧城市的业务系统得以稳定运行的基础，是智慧城市建设体系的底层支撑。通常意义上的城市基础设施，主要指为社会生活、政府管理、企业经营等服务的行业和设施，包括交通、能源、环境、通信、防灾等，而对于智慧城市领域，尤其是县（区）域智慧城市领域，更多的指信息化设施、网络设施、物联网设施等，以及配套的管理机制和信息系统。本章主要从以上领域对县（区）域智慧城市基础设施进行设计。

1. 基础设施层的建设内容

县区域智慧城市基础设施的建设，应当在坚持可持续发展战略的基础上大力推动技术创新，以信息化数字化为基础，面向高品质、高等级、高要求的城市建设需求，面向未来智慧化城市的数字化转型、智能化升级需求，通过技术创新、数据驱动、服务为先的方式建设基础设施保障体系。

主要包括数据中心建设、城市物联网建设、5G通信系统建设、人工智能等基于新一代智能信息技术基础设施，通过数字孪生、物联网、区块链、云计算等技术的综合使用，促进传统基础设施的改造升级，打造新一代智慧城市基建体系，形成新一代的智慧交通、智慧警务、智慧能源、智慧生活、智能制造等产业升级，以及支撑和服务于科学研究、技术开发、产品和服务研制的科研、教育、医疗等技术创新设施。

2. 基础设施层的建设原则

基础设施层的建设，要依据相关法律法规要求，紧密结合实际，联系县区域当地发展特色，才能建设适合当前时代发展需要的底层支撑。

要坚持统筹规划，协同推进。加强政府主导、统筹规划、规范管理，对县区域的智慧城市建设进行成体系的规划，从顶层开始总体设计、集约建设。要统筹各个部门业务需求和工作要求，考虑各区域、街道、社区、项目之间的衔接，按照需求优先级和重要程度，急用先建、重用重建，分阶段分模块地推进实施。同时协调各部门单位承建负责县（区）域智慧化建设的不同领域和系统，优化管理建设流程，通过不断迭代发展，促进县区域智慧城市建设的持续深入。

要坚持资源集约，数据驱动。集约节约化利用现有网络基础设施、信息化系统，统一建设与管理全区信息资源，推进数据治理和治理数据化，建设基于数据的决策、管理、创新体系。提升全区数据共享和应用意识，增强数据有效利用率，充分发挥数据优势，释放数据价值。

要坚持服务导向，以人为本。坚持以服务为导向，立足市民生活、企业发展的实际需要，通过信息化数字化手段，科学合理地配置资源，提高服务支撑功能，在数字城市空间里重构县域城市公共服务体系，打造以人为本、数据驱动的服务型政府，让广大居民都能享受到绿色、安全、便捷的新型城市生活。

要坚持公众参与，高效治理。丰富拓展参与的渠道和方式，协调多部门人员共同参与社会治理的积极性，助力社会主要团队和业务主体部门参与公共服务，在社会公共服务上实现政府与民众两位一体的双向互动模式。形成"政民融合，良性互动"的治理新模式，实现县区域智慧城市治理的精细化和精准化。

要坚持政府引导，市场运作。充分发挥政府在县区域智慧城市建设过程中的规范标准、整体设计、统筹协调作用，政府部门或下属机构为主导和引导，积极引入市场机制，创新运作模式，加大政府与市场、社会的交互融合力度，形成政府、企业、社会多方合力推进的多元化、多格局的县（区）域智慧城市建设方式。

3. 基础设施层的建设规范

关于对智慧城市基础设施的构建，可以从以下 3 个方面进行评估设计[13]。

（1）信息系统网络设施，是县区域智慧城市建设的载体，它的建设水平直接影响到整个城市的基础设施建设等级，此外，它也是衡量智慧城市运行效率的主要参数。信息系统网络设施的建设等级的主要评估指标见图 3-1。

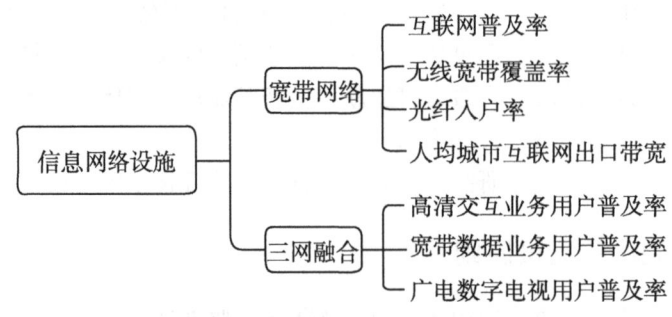

图 3-1　信息网络设施评估指标

（2）信息系统共享设施，主要是反映利用新的基础设施服务和技术、解决多个业务系统之间的数据互通和资源共享问题，也是对县（区）域智慧城市建设中，数据处理能力、大数据能力、集约建设能力的评判。信息系统各项设施建设的主要评估指标见图 3-2。

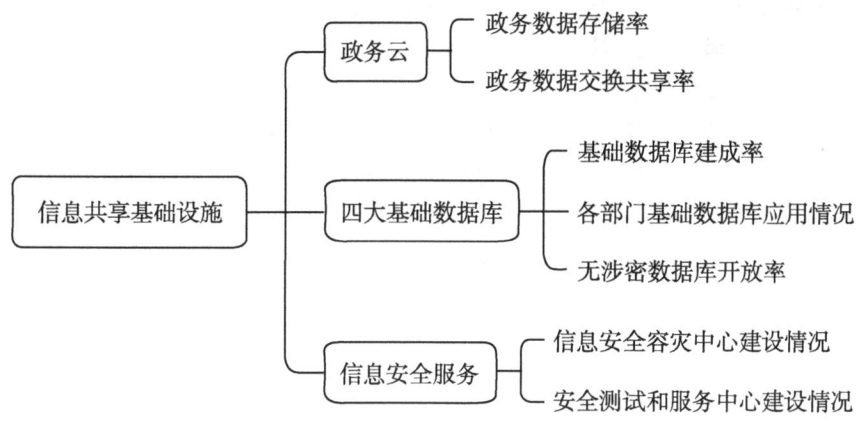

图 3-2 信息共享基础设施评估指标

（3）信息系统智能化改造，主要指对传统的信息系统基础设施，在新技术、新理念、新环境下的智能化升级改造，反映了县（区）域智慧城市的智能化建设水平和未来发展趋势，也是实现县（区）域智慧城市精细化管理和公共服务能力的重要体现，主要评估指标见图 3-3。

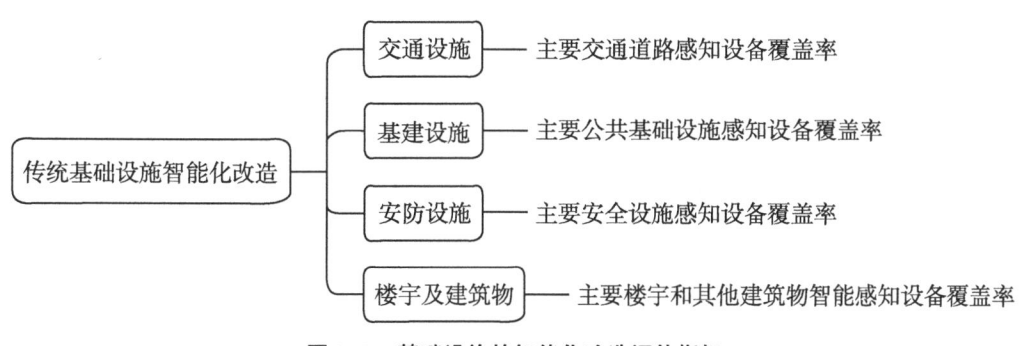

图 3-3 基础设施的智能化改造评估指标

二、网络体系建设

网络是县（区）智慧城市信息和数据流的载体，是信息流转的高速公路。网络体系的建设主要有 3 个部分：现有网络设施的优化升级、新一代网络设施的提速覆盖以及未来网络体系的超前研发部署。

县（区）智慧城市的建设过程，要注重可持续发展和科学合理布局，建设一批重点项目，例如新一代 5G 通信网络建设、通信网络光纤入户、新一代互联网协议 IP V6 建设等基础建设，计划一批关键项目，例如国家互联网骨干节点建设、区域物联网覆盖建设、互联网标识解析节点等，打造新型一体化县（区）域网络体系，实现数字城市的建设基础。县（区）电子政务外网总体布局规划如图 3-4 所示。

(1) 在县（区）建立一个县（区）级网络中心；
(2) 县（区）政务部门以高速光纤内网接入县（区）级网络中心；
(3) 各街道、社区通过无线网络接入县（区）级网络中心；
(4) 县（区）级网络中心与市级网络中心通过电子政务网进行连接；
(5) 公共基础设施和物联网设备通过无线网络接入县（区）级网络中心。

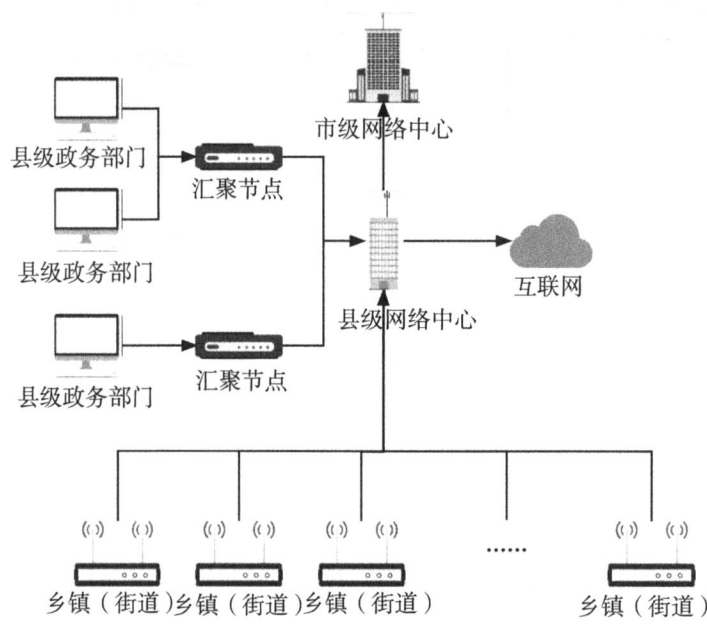

图3-4 县（区）级网络拓扑结构示意

1. 县（区）基础有线网络覆盖

在县（区）范围内建立网络中心主基站，通过ISP运营商接入市级网络中心或互联网平台，从中心基站到县（区）政务部门。有线网络建设拓扑如图3-5所示。

(1) 核心区。核心区是基于核心交换机组建的网络系统，主要功能是政务外网公共网络的组网，通过专用线路和市级平台实现数据互通和对接。政务外网的IP地址主要分配给外网核心的出口，而下级单位可以通过内部分配私网IP的方式来接入网络，由网络部门统一管理。核心区中间设备携带私网IP通过边界路由公网IP接入有线网络，将核心区、接入区、上级平台互联互通，解决政务网络的组网需求。

(2) 外网出口区。外网出口区是政务系统对外部公网的统一数据和业务出口，出口区采用万兆路由器作为出口设备，传输链路以运营商的有线链路为主传输方式。为了保证传输链路的可靠和稳定，在设计时可以将向上链接市级平台和向下链接街道平台的链路相互独立，同时建立冗余线路作为备份。

(3) 外网互联网出口区。外网互联网出口区负责整个网络信息的出入，重点是做好出口网络的畅通和安全。所以采用具有防火墙功能的网络出口保障设备，主要实现两个方面的功能，一是提供网络地址转换（NAT）功能，二是对网络进出口信息进行审

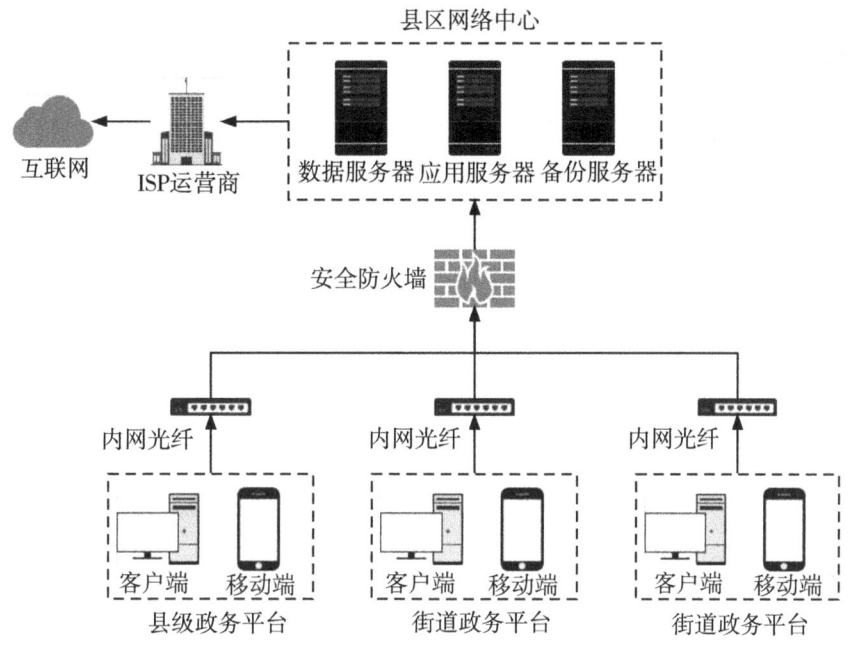

图 3-5 县（区）域有线网络建设拓扑图

查与防护。互联网出口采用万兆以上宽带，以满足多系统高并发的数据访问需求。

（4）电子政务外网外部数据中心。数据中心是部署主要的 Web 网站服务器、业务服务器、数据存储、安全防护设备、邮件系统等信息资源的区域。数据中心统一规划在互联网出口通过防火墙访问，多台服务器通过交换机汇聚后连接到防火墙的安全端口。

（5）内部数据中心区。数据中心区主要提供政务系统的在线办公审批、在线办公 OA 等业务系统的数据源的部署区域，由于政务系统涉及多个核心业务系统和重要公共数据和信息，所以数据中心系统的安全性必须充分得到保障，使用安全云、区块链、等级保护、加密监测等技术，在软件系统层面和硬件密码机和防火墙层面都进行保护。县（区）域的数据中心建设，可以根据当地情况进行规划，根据资金投入情况按需、分步骤地进行总体规划、分步建设，逐步完善数据中心区建设。

（6）城域接入区。城域接入是在县（区）域城市网络中，面向非县（区）域政府办公区域的其他重要智能单位的接入。主要是实现城域网络、县（区）域网络、街道网络的网络互联，通过租用运营商线路统一接入政务系统，设施有运营商进行代管和代维护。

（7）外网局域网接入区。外网局域网接入区主要是完成县（区）域政府办公区域内，附属职能单位的局域网接入，然后再统一接入外部公网。内部局域网络架构可以通过"核心网络+接入网络"的两层网络架构，或者"核心网络+汇聚网络+接入网络"的三层网络架构进行建设，即办公网络接入核心网络，多个办公核心网络汇聚到汇聚网络，然后通过中心机房的接入网络统一接到外网公网[14]。

2. 街道/社区基础无线网络覆盖

在县（区）范围内建立网络无线主基站，基站下设多个区域网络节点，节点通过

Wi-Fi 接入社区用户，基站上层通过 ISP 运营商接入市级网络中心或互联网平台。无线网络建设拓扑如图 3-6 所示。

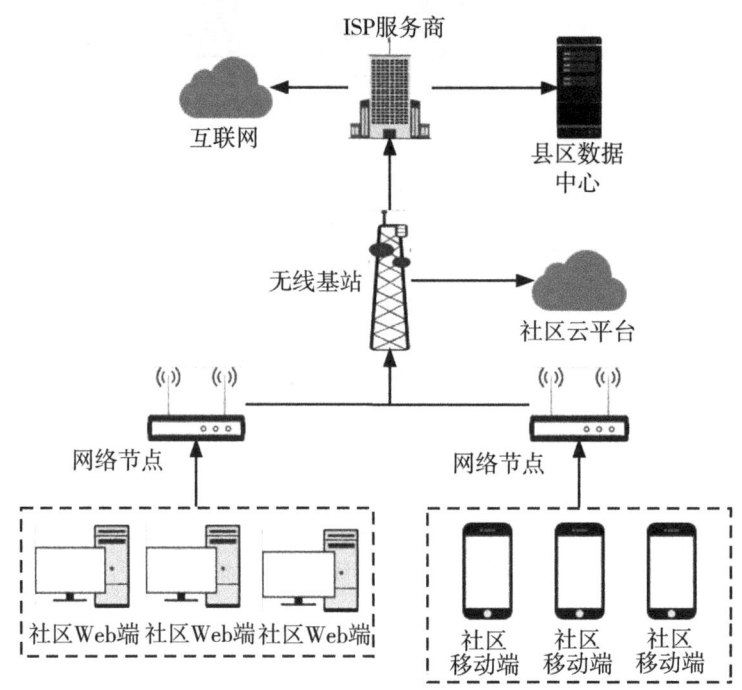

图 3-6 街道/社区无线网络建设拓扑图

（1）社区无线覆盖。考虑到社区内环境复杂，涉及多种老旧设施改造的问题，所以社区网络的建设主要计划通过无线信号进行覆盖，但由于无线信号本身特性，容易受到障碍物的影响，尤其是钢筋混凝土对信号的阻隔比较大，所以在社区内进行无线网络规划的时候，要因地制宜、现场考察，根据地理特征和建筑特征，选择合适的布局方式，使用多种、多层的混合制组网方案。

（2）5G 重点建设覆盖。重点布局新一代 5G 网络的建设，通过调研规划，统筹现有网络基础设施与 5G 长远布局，同步进行传输网、核心网、无线网及其相应配套设施的建设。为了简化 5G 基站建设流程、提高建设速度，政府部门可以通过简化网络设施建设审批流程，开通网络审批快速通道，加大对 5G 基站建设的支持力度，将基础通信设施建设纳入工程建设审批范畴，促进基建和通信工程的合理有序衔接，加快 5G 基站和配套基础设施的协同布局、同步施工。

5G 的建设需要多个部门协同配合，需要开放各类公共资源，尤其是政府、机关、事业单位、医院等公共场所，建立重点试点区域，覆盖 5G 网络建设。需要开放智慧路灯、智慧交通、智慧电力等公共服务设施和 5G 设施网络的结合，重点建设公路、隧道、地铁、铁路、公交等公共场所的 5G 试点项目建设。对于其他民用设施，特别是商场、公园等公共区域，先行建设 5G 试点覆盖项目，在新建住宅社区等设施，批准按照《工业和信息化部国务院国有资产监督管理委员会关于 2022 年推进电信基础设施共建共享的实施意见》的规定进行 5G 网络的建设改造，推动 5G 基础建设的覆盖面[15]。

3. 物联网多元化网络覆盖

智慧城市的发展正在进行中，一个城市真正智能化所有个体元素需要协同工作，而不仅仅是独立，连接这些元素的基础设施充满了传感器，这些可能是运动传感器、污染传感器、停车传感器或湿度传感器，而且都需要安全、可靠和节能的电源[16]。

（1）智慧灯杆网络。智慧城市中的灯柱不仅照亮了街道，还为城市管理提供了监控机会，安装智能街道照明可以将电费降低，灯柱上的传感器可以检测到运动，只在需要时点亮，从而节约能源，传感器还将提前提供维护和故障检测数据，工程师只需在需要维护时访问特定的灯柱，而不是逐个排查。

（2）公共交通网络。在公共交通工具上，铁路轨道上的传感器监控列车的位置，确保列车运行更平稳，并为乘客提供更多最新信息，传感器还可以对收集轨道的数据和点进行远程状态监控，在维修问题出现之前标记问题和维护。

三、数据中心和机房建设

数据中心作为建设县（区）域级数据中心的基础设施，它充当了数据存储、查询与数据交换的物理中心的角色，是政府与企业及其他公共服务机构进行数据交换的基础平台。数据中心的建设需要建设完备可靠的机房基础设施与充足的数据来源作为支撑。需要部署充足的带宽资源，做好对数据中心的运维工作，保障好数据安全，为将来系统的拓展留下充足的空间。建设现代化智慧化的网络中心，需要统筹布局，优化组织，多方合作建设，优化传统数据中心的建设架构和模式，组成跨网络、跨地域、跨系统的数据交互融合体系，促进相关部门、企业、机构数据的互联互通，实现更高质量的数据传输和共享服务。

数据中心建设的 3 个基础包括：数据中心机房、基础数据库、维护系统。在建设数据中心过程中要坚持绿色节能和可持续发展的理念，为数据中心配备高性能、可扩展的服务器、磁盘阵列、交换机等设备，为数据库、应用平台等软件层提供强力的保障，此外，还要根据国家的相应规范要求，建立防灾容灾机制，部署异地备份服务器[17]。

1. 数据中心总体建设原则

安全性：需要按照相关建设规范，建立安全等级考评制度，划分不同安全等级分区，按照区域要求规划安全管理制度和功能建设。

可靠性：需要结合当地地理环境和气候环境，选择适合的地方作为数据中心建设地点，配套建设电力、消防、安防等设施，有效避免可能发生的灾难危害。建设要确保足够的电源、空调等资源冗余和备份。

可管理性：需要完善的环境管理系统和监管制度，采用市场标准的设备，并预先考虑设备更换和维修所需的空间和备份。

灵活性：需要在设计和建设中考虑模块化方式，采用移动式监管系统和管理系统，提供方便拆卸维护的建设方式。

先进性和实用性：需要在数据中心中设计建造合适的办公空间，建立24h使用的设备功能，采用先进的技术，兼顾当前需求和业务发展。

数据中心的建设需要按照分级标准，不同的等级对应不同的建设方式和要求，根据实际业务需求选择合适的方式和标准。数据中心分级标准如表3-1所示[18]。

表3-1 数据中心分级（TIA-942）

项目	Tier Ⅰ 基本	Tier Ⅱ 冗余单元	Tier Ⅲ 可并行维护	Tier Ⅳ 容错
可用性	99.671%	99.749%	99.982%	99.995%
每年IT服务中断时间	28.8h	22.0h	1.6h	0.4h
建筑类型	租用	租用	自建	自建
线路冗余	N	N+1	1主+1备	双主
面积功率（W/ft）	20~30	40~50	100+	150+
多运行商线路	否	否	是	是
主干线缆冗余	否	否	是	是
供电线路	1路	1路	1主+1备	2路热备
UPS冗余	N	N+1冗余	N+1冗余	2N冗余

（1）智能云计算中心。基于数据中心的建设基础，搭建云计算中心，作为县（区）域智慧城市的公共算力服务平台，组建自适应、可扩展的弹性智能计算集群，推动区域内低延迟、高带宽、高并发、多租户的智能化改造。可以使用国产自主化服务器设备，依托华为、中科曙光、浪潮等安全可靠的软硬件支撑，保障云计算中心的安全稳定和自主可控。通过和研究院所、高校的科研合作，依托云计算中心可以发展人工智能运维、高性能超算服务器等高端产业，为智能计算中心的产业价值赋能。

（2）边缘计算中心。以数据中心为核心，加快发展物联网设施和边缘计算设施，在县区域中以街道或社区范围划分边缘计算中心，在站牌、路灯等公共设施上计划边缘计算节点，实现"中心+片区+终端"的边云协同计算模式，全面支撑高密度、大带宽、高并发、低延时的公共服务业务场景，推动市政、交通、能源、公安等公共设施的资源共享。探索信息智能终端设备和边缘数据中心建设，鼓励县（区）域内的公共设施建立边缘计算节点，满足未来时期的VR/AR、超高清视频、车联网、智能制造、智慧安防等业务需求。通过边云协同技术，推进云计算中心和边缘计算节点的资源协调、业务协同、数据协同、负荷协同和智能调度。

2. 数据中心基础机房建设

机房建设是一个综合工程，本机房建设应包含以下系统：基础建设系统、电气供电系统、防雷接地系统、综合布线系统、新风系统、消防系统。

（1）基础建设系统。基础建设是机房土木、装修等工程，分为顶面部分、地面部分、墙柱面部分、门窗部分、机房照明部分。装修过程中，对表面要进行防尘、防潮、防水和保温处理，主机房内地板铺设静电架空地板，铺设供电线路，并做防静电处理。顶面要做防尘吊顶，隐蔽部署弱电线路。机房使用的门、窗、隔断等都应该安装防火玻璃门，并达到高级别的防护要求。

（2）电气供电系统。机房电气系统是指建立一个稳定、安全、可靠、节能的供电系统，使机房信息系统的持续安全运行得到保障。根据 GB 50174—2021《电子信息系统机房设计规范》和 GB 2887—2011《计算站场地技术要求》，机房供配电系统建设的好坏直接影响整个信息系统的稳定性和可靠性，也关系到其他附属设施的安全性，同时根据规范，机房的建设对接地、防雷、电磁屏蔽等都有严苛的要求，此外，机房的供电能力和电力负荷等级按 GB 50052—2009《供配电系统设计规范》规定设计，在设计建设室也要考虑系统的扩展性和冗余能力，为将来的升级扩容等留有充足的容量。

（3）防雷接地系统。对于机房防雷接地系统的建设，需要根据国家标准 GB 50057—2010《建筑物防雷设计规范》和 GB 50343—2012《建筑物电子信息系统防雷技术规范》的相关规定，同时也必须保障系统可持续运行的环境及相关工作人员的人身安全。防雷接地建设需要通过相关机构检测验收后才可以投入使用。

（4）综合布线系统。综合布线系统是机房的基础建设系统，由于机房不仅要和内部管理监测网络连接，还要与公共业务网络进行连接，应当综合考虑信息系统的建设等级要求，以保障网络出口安全为前提，设计相关设备和线路的安装铺设。划分功能区，不同的功能区设立相应数量的机柜，在配线架和机柜之间配置接线柜，重要线路都要通过线缆架或接线柜来敷设。安装线槽和桥架时要注意与建筑、电气、消防等专业统筹协调，确保符合建设标准。线路须采用六类或以上电缆，以及光纤传输，并设置一定量的冗余配置。

（5）新风系统。针对机房新风系统，需要按照 GB 50174—2017《电子信息系统机房设计规范》要求进行规范化设计和建设，机房需要在以下几个项目上达到国家要求标准。主要项目包括洁净度、正压值、新风温度、新风风速、消防防火等，新风系统除了保证室内空气品质，避免发生污染，导致设备和线路受损外，还需要考虑风量的调整和循环，确保烟雾、臭氧、硫化气体等有害气体的堆积。

（6）消防系统。建设机房消防系统，应当按照 GB 50116—2013《火灾自动报警系统设计规范》的相关规定，在机房的相应位置安装火灾报警系统与灭火设施，根据机房不同区域的等级，设计机房的变配电、UPS 和电池的防火防灾设施，防护系统要和环境监测系统等联动，并对机房的风门、风阀、空调、排风以及供电系统等进行自动控制。

3. 机房容灾建设

（1）容灾等级和分类。机房容灾的建设是保障机房的设备安全、系统安全、数据安全，按照容灾规范的划分，容灾系统可分为三类：数据容灾、应用容灾、业务容灾。

数据容灾可以将机房的所有数据复制到容灾中心进行备份，在机房出现故障时，利用容灾中心对备份的数据进行恢复，或恢复存储系统的接管。数据容灾既可以对数据进行实时备份，也可以选择延迟一段时间进行备份，但无论选择何种备份策略，备份数据都是可以实时恢复的。其他例如日志、业务、系统等可以手动修复。一般来说数据容灾的方式，系统恢复 RTO 时间超过 24h，恢复业务功能的速度较慢。不过这种方式维护成本低、搭建方式简单，适用非关键部门数据要求不高、建设成本有限的业务场景。

应用容灾在数据容灾的基础上，对应用系统也进行备份，提高系统可用性、确保业务系统的快速恢复。因此需要部署建立一套能够匹配当前系统运行环境的备份环境，包括主机、网络、应用等相应的资源，当出现灾害情况时，系统可以在较短的时间内切换到备份环境运行，保障整个系统的持续安全运行。应用容灾的 RTO 通常在 12h 以内，但这种方式技术难度较大，运行维护成本高，需要建立单独的容灾场所。

业务容灾是综合使用数据中心与容灾中心，对业务请求并行处理、同时储存的容灾机制。两套相同的系统并行运行，保障业务系统的可持续运行，业务容灾的 RTO 可以实现 30min 内恢复，而且恢复的自动化程度高，可靠性高。但这种容灾方式也是建设难度最大，且维护成本最高的，需要从应用层面进行系统开发，过于复杂的业务无法执行，只能用于重要且简单的业务系统。

衡量容灾系统的主要指标如下，数据中心的容灾等级分类如表 3-2 所示[19]。

RPO（Recovery Point Object）：灾难发生时允许丢失的数据量；

RTO（Recovery Time Objective）：系统恢复的时间。

表 3-2 数据中心容灾等级分类（GB/T 20988—2007）

灾难恢复能力等级	恢复时间目标 RTO	恢复点目标 RPO
1	2d 以上	1~7d
2	24h 以上	1~7d
3	12h 以上	数小时至 1d
4	数小时至 2d	数小时至 1d
5	数分钟至 2d	0~30min
6	数分钟	0

（2）"两地三中心"容灾建设。"两地三中心"，顾名思义"两地"指的是两个部署数据中心的地点，一般都是主要业务所在地和一定距离外的数据备份地点。"三中心"指业务中心、同城备份中心和异地备份中心。这种方式兼具同城容灾和异地容灾两种方式的优点。

同城备份中心，指对同属于一个业务中心的地区建立统一的备份中心，该中心具备完善的硬件设施和业务系统，可以独立承担关键系统运行，实现和本地业务中心的备份和同步。双中心的方式可以通过应用容灾或业务容灾，具有完全相同的处理业务的能力，保证业务处理结果的幂等性以及高速的数据传输能力，保证两个系统间数据的同步。在正常运行状态下，两套系统是同时运行的，共同处理业务需求，当发生灾害时，备份中心可以在不丢失数据的情况下快速切换运行，保障在灾难情况下的业务稳定和连续。

异地备份中心，是指在从属于业务中心的地区之外建立的备份中心，用于双中心的数据备份。备份中心的数据一般采用数据容灾的方式，根据需要确定一个同步周期，是异步同步的。当遇到重大灾害导致同城的业务中心和备份中心都无法正常使用时，可以用备份数据在一定程度上恢复业务数据和功能，尽可能降低损失。容灾建设方案设计如图 3-7 所示。

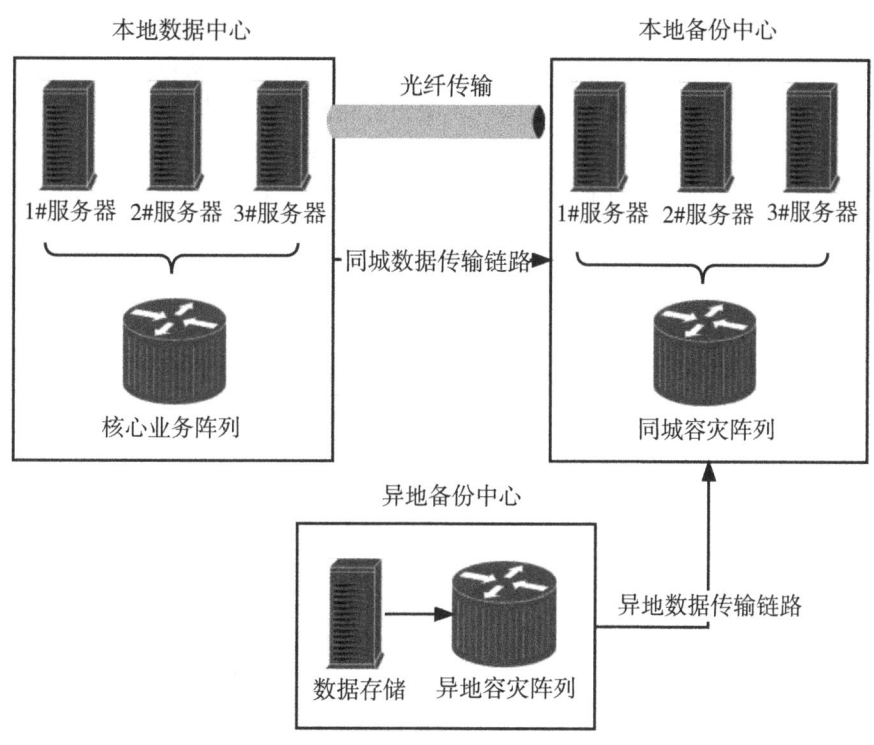

图 3-7 "两地三中心" 容灾建设方案

四、云计算中心建设

云计算是在服务器集群的基础上发展，结合高速网络建立的数据中心模式。这种模式是将集中或离散的服务器硬件资源进行整合，整合为一个可伸缩、弹性、共享的虚拟资源池。对于需要服务器资源的应用，以按需提供的方式进行资源分配和管理，并提供了远程网络访问的模式。随着云计算的快速发展和推广应用，越来越多的组织和企业开始把业务系统和数据迁移到云平台上。

云计算中心的建设核心，是建立可靠高效的云计算、云存储、云加密为一体的体系，多种服务应用运行于统一的云平台上，下级用户通过多种方式链接到云平台，使用平台提供的服务。

云计算中心的建设要求，包含以下几项：支持 PB 级别的数据存储能力、支持高速高带宽的网络访问能力、支持安全可靠的数据存储加密能力，中心应当具备可靠的故障预警及处理机制，可以向接入的用户和应用提供弹性分配、自动扩容存储的功能。

1. 云平台建设

Dragonstack 云平台是利用 libvirt、kvm 等多种技术自研的轻量级云平台，系统服务通过使用容器技术运行，极大地提升了运行速度、处理能力、服务的灵活性。系统具有部署方便、操作简单、运维操作容易上手等特点，基于 Web 端就可以做到简单的虚拟机运维，可以在一分钟内做到虚拟机的快速使用。除此以外，基于容器部署，部署文档简单，不需要单独运维人员部署。平台不光是做到了对应 IasS 服务的虚拟机的全生命周期的管理，也做到了容器的全生命周期的管理，平台使用安全的分布式架构，确保安全做到了虚拟机备份。同时，平台支持 NAT 操作，跨域操作管理，一台服务节点可以管理多个云，同时不仅是局域网内使用，也可通过公网在外面访问云内客户机。云平台的架构设计如图 3-8 所示。

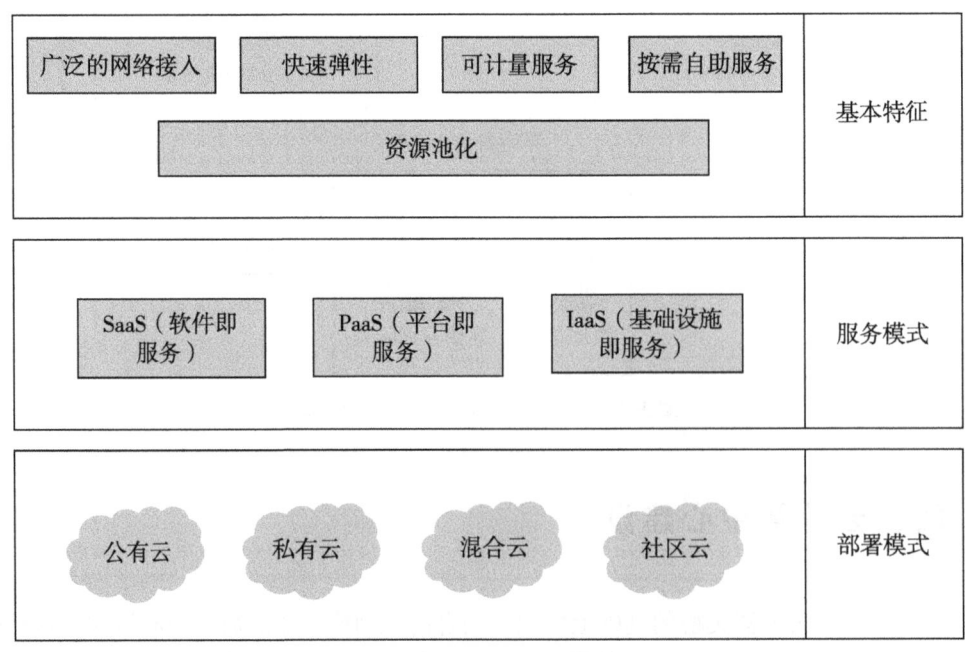

图 3-8 云平台架构设计

总的来说，云平台一般有三种服务提供模式：IaaS、PaaS、SaaS。其中 IaaS 是基础服务，为用户提供虚拟机等资源。PaaS 是将平台层服务提供给用户，包括应用程序开发及部署等。SaaS 对应软件层,将软件服务提供给用户。

IaaS 模式是通过建设的数据中心,可以将数据中心的服务器、操作系统、硬盘存储、数据库等底层设备和资源作为基础架构的硬件,通过网络提供给客户,客户可以使用硬件资源部署自己的软件服务。IaaS 主要面向系统管理员,以弹性资源的方式提供服务并计费,用户按照自己的需要租用服务器资源并按需付费。基础架构包含硬件基础设施、虚拟化和资源池、资源调度和自动化管理等技术。

PaaS 模式是通过云平台提供基础的平台服务和开发架构,用户可以在现有的基础架构之上,开发自己的应用系统,减少了用户购买硬件设备的成本,减少了重复购买开发套件、质量控制、或生产服务套件等,简化了开发难度、降低了开发成本,可以快速专注于应用本身的开发,加快项目上线的周期。而且通过将平台和服务器委托给专业的服务商,减少了运维成本和压力。平台层是在硬件层智商提供的软件支撑平台服务,利用虚拟化、集群化和负载均衡技术,以云架构和微服务的方式部署。

SaaS 模式通过给客户提供应用软件的方式来提供服务,用户通过在本地安装软件来进行使用,是目前应用最广泛也是最成熟的模式。通过这种方式提供的服务具有强大的灵活性和可扩展性。用户只需要选取适合自己的应用软件,或者提交自己的软件需求,服务商就可以开发和提供对应的软件服务,这样就降低了用户的运维成本。此外,通过这种资源和架构集中统一的运行模式,服务商也可降低其服务成本。软件层提供基础服务和专业服务。基础服务主要是提供一些通用基础框架、必要功能和通用功能,例如统一门户入口、身份认证、统一接口等,专业服务面向特定用户,根据需求定制业务应用。

云计算数据中心的建设是一个循序渐进的过程,需要逐步升级来满足用户需求。一般来说按照长期规划、分步实施的原则,可以先建立 IaaS 服务层,然后根据发展逐步建立 PaaS 和 SaaS 的服务。云平台的服务模式如图 3-9 所示。

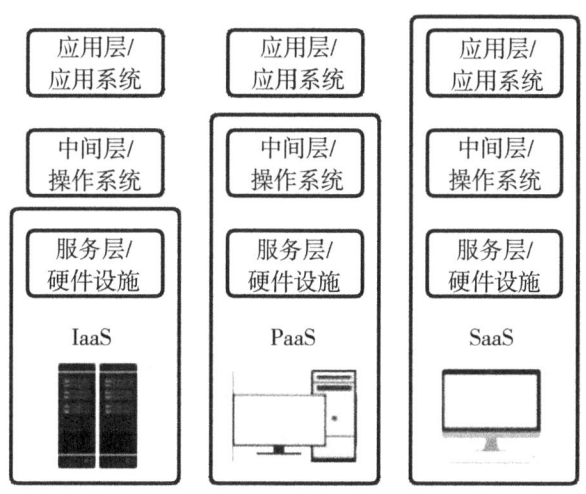

图 3-9 云平台服务模式

2. 云计算中心建设

（1）云计算的分层建设模式。云计算中心的规划建设，按照规范和经验，一般分为5层架构：基础设施层、平台层、数据层、管理层和服务层。

基础设施层是指云计算中心的物理资源，比如机房、服务器、存储等实体资源，该层的建设包括土建施工、装修、布线、消防以及多种硬件设备。

平台层是指在云计算中心的物理环境基础上，通过虚拟化、微服务、容器化以及分布式存储等，将硬件资源虚拟化，构建计算资源池、存储资源池和网络资源池等，为上层系统提供服务。

数据层是指为了保障数据安全可靠而设置的云平台多个镜像、服务、容器之间数据的共享存储系统。在满足数据安全这个基本需求的前提下，支持数据的动态迁移，保证业务数据在系统间的通畅流动以及业务系统的数据接入。

管理层是对云计算中心提供的服务和资源进行管理，通过可靠可控的云计算系统，管理和协调业务和服务资源的统一分配和运维，提高运营的科学性和有效性。

服务层是云计算中心面向用户的交互平台，是与用户业务系统的接口，平台服务依托云计算中心对外提供统一的服务，从整体上为客户提供解决方案。

（2）云计算建设安全架构。云计算安全架构的建设，是针对云计算平台的特点，建设高性能、高可靠性、高防护性的网络安全一体化管理体系，在虚拟机技术的基础上，通过集成安全服务保障云计算平台的安全性，同时通过其他非技术手段提供故障管理、配置管理、安全管理、服务管理等管理性功能，保障云平台的安全稳定运行（图3-10至图3-12）。

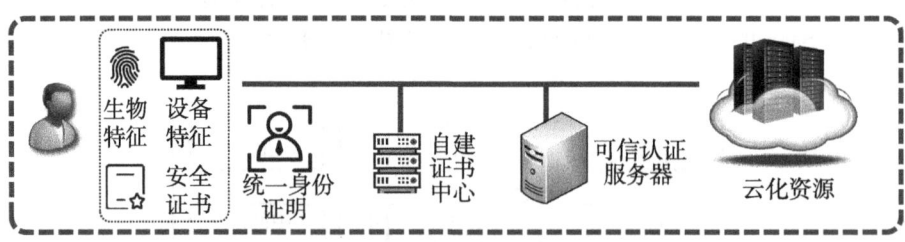

图3-10 统一的智能认证体系

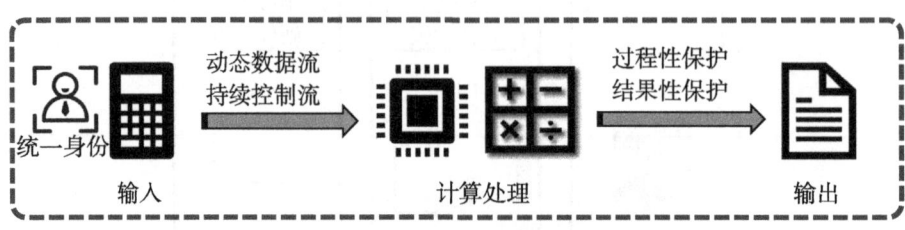

图3-11 计算安全的保障体系

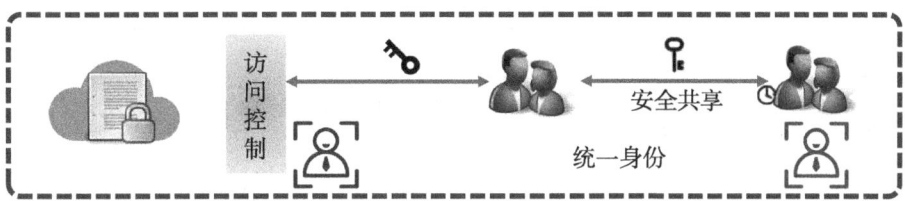

图 3-12　访客身份的认证体系

3. 云终端和云桌面系统建设

云平台提供系统运行的环境，云计算提供面向服务的应用软件，而云终端可以提供面向用户的交互界面。

安全云桌面系统以虚拟服务器为基础，支持多用户通过虚拟机的方式运行，从而进行远程办公。它兼容多种服务器虚拟化策略，用户可以选择多种认证方式，如用户名密码登录、指静脉身份认证、USBKey 身份认证、面部识别等，也可以通过手机、平板电脑随时随地登录。用户登录之后，界面会展示其虚拟机和个性化的应用。用户点击虚拟机按钮，跳转至用户虚拟机。云桌面的系统架构设计如图 3-13 所示。

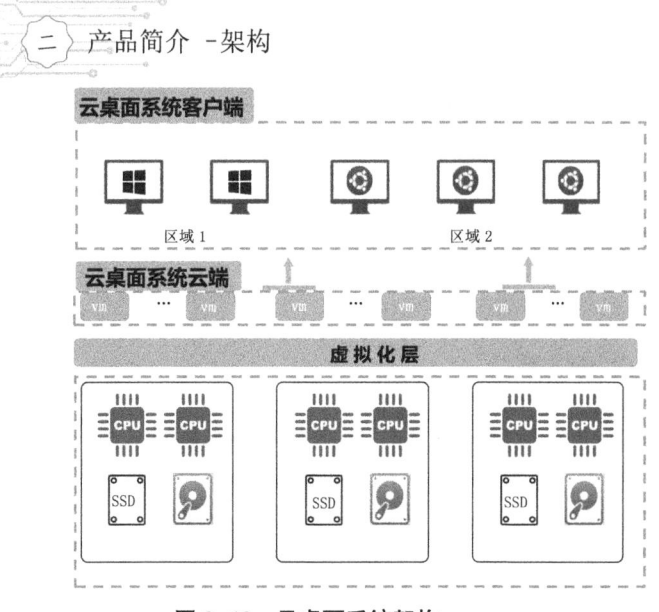

图 3-13　云桌面系统架构

云桌面系统具备以下系统特点：可选择基于自建 PKI 或基于第三方 PKI 的服务、支持多种身份认证方式、支持移动端服务基于位置的访问控制、兼容多种服务器虚拟化策略、支持多种终端接入、支持多种操作系统、支持多种远程桌面协议。云桌面和传统系统相比的性能特点如表 3-3 所示。

表 3-3 云桌面性能特点比较

项目	云桌面	PC	小结
管理方式	后台集中管理，统一部署统一运维	前端分散管理，无法统一管理	需要到使用现场进行运维
安全性	可设置使用权限，防止个人拷贝机密文档	每台单独安装安全软件等安全防护措施，如果PC设备在异地，需要出差解决	传统PC难以有效防止随意下载机密文档，浏览高危网页，安装不安全的外来程序等行为导致安全性很差
中病毒概率及解决方式	可集中管控（统一安装防毒软件，或采用防毒墙），中毒概率低	难以控制，尤其是笔记本电脑，随意性高，中毒概率非常高	木马、病毒难以预防
远程协同工作	支持	不支持	所有云桌面在同一网络内可协同工作
新应用/新版本上线时间	统一部署，10~30min	用户自行安装，上线时间及质量无法保证	PC应用上线没有保障，合规性没有保障
维护人员数量	1名	2~3名	每名维护人员最多可管理150~200台物理设备
使用周期	5~8年	3年	云桌面硬件设备使用周期更长，利用率更高

五、信息安全建设

1. 物理防火墙体系

物理隔离指的是内外部网络之间，没有直接或间接的实体网络链接，只能通过某些设备或堡垒机的中转，来实现数据和服务的传递。这种方式可以在一定程度上杜绝病毒或后台程序，通过网线进行传播。

物理隔离的安全性能可以通过3个指标考核[20]。

（1）物理线路的隔离。对内部网络和外部网络进行物理隔离，同时保证内网的封闭性，保证不法分子无法通过外网入侵至内部网络系统。在信息的传输方式上断绝被破坏和被泄密的可能性。

（2）物理辐射的隔离。通过屏蔽手段，在无线、电磁辐射、电磁耦合等方式经过处理，隔离内外网之间的无线或辐射渠道，确保内网不会受到外网的破坏和泄密。这种方式需要特定的设备防护，并通过相关规范的审核认证。

（3）物理存储的隔离。在信息存储空间比如硬盘、磁盘、U盘等存储介质上进行加密和隔离存放，在信息暂存部件比如内存等介质上进行安全清除处理，防止出现残留信息的泄露，尤其是存储过程中要做到分开存储和专人管理，防止人为破坏和泄密。

2. 系统安全保护体系

系统安全保护体系，是从软件层面对平台、系统和应用的安全、稳定、加密提供保障。基于现有的技术储备，可以针对系统的安全检测与分析技术开展研究，面向政务、公共等业务系统应用。

系统安全保护体系主要是针对整体业务流程中的拓扑管理、日志分析和漏洞分析开展研究，基于上述 3 个子模块搭建整体业务流程框架。将每个子模块划分为信息采集、信息分析和评估分析 3 个子流程，通过上述的 3 个业务流程评估信息系统的安全性，并生成评估报告。基于复杂信息系统的具有低耦合性、实时性、准确性、可扩展性的安全检测与分析系统，适应于复杂信息系统保密性强、安全性高等特点，能够更好地为上层信息系统的管理提供检测与分析服务。复杂信息系统的安全检测与分析如图 3-14 所示。

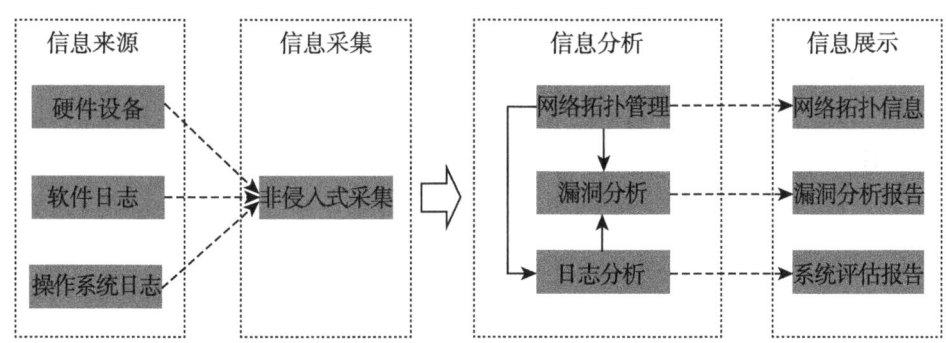

图 3-14 复杂信息系统的安全检测与分析业务流程

以下分别通过拓扑管理、日志分析和漏洞分析论述主要研究内容。

（1）拓扑管理。网络拓扑结构一般的分为两种：网络逻辑拓扑结构和网络物理拓扑结构。对于网络层次上拓扑结构的发现和构建，可以利用 SNMP 等协议以及登录相应设备等方法对网络层设备进行信息采集。并对采集到的数据（如设备端口转发表、MAC-IP 表等）进行分析，最后构建相应设备、子网之间的连接关系。

针对网络物理拓扑结构的发现和构建，利用 SNMP、ICMP、ARP 等协议对链路层设备进行信息采集，根据硬件的 MAC 地址以及路由 ARP 表等构建数据链路层网络。拓扑管理流程设计如图 3-15 所示。

（2）日志分析。日志分析是进行信息系统安全预防和维护最重要的一个环节，是防护网络与系统安全的重要防线。针对日志分析中存在着日志数据量庞大，种类多样，难以从日志中有效地挖掘出有用信息的问题。针对这类问题，传统的技术已经不能满足处理海量数据的需要，需要利用分布式技术进行日志分析，建立基于 Hadoop 的日志分

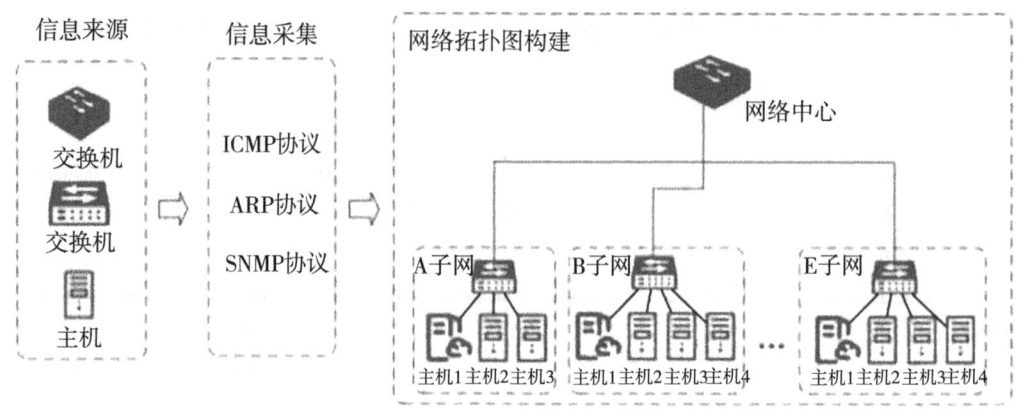

图 3-15 拓扑管理模块

析系统，采用 Hadoop 分布式计算架构实现对海量日志收集，采用 Map Reduce 对日志进行处理。

日志分析功能实现了日志分析处理的整个过程，针对需要使用非侵入式采集日志的特点，利用 FTP 服务上传日志文件到日志主机，通过选择相应的分析要素进行数据预处理。系统自动将经过预处理后的日志文件发送到存储服务器中，以便于后续对日志的分析处理。日志分析功能是该模块的核心功能，按照层次化、模块化、分布式的思路设计了基于 Hadoop 的日志分析系统，该系统可以通过将预处理的日志文件在搭建好的系统中进行计算得出日志分析的结果。主要将其划分为数据采集层，日志分析层及评估分析层，具体结构如图 3-16 所示。

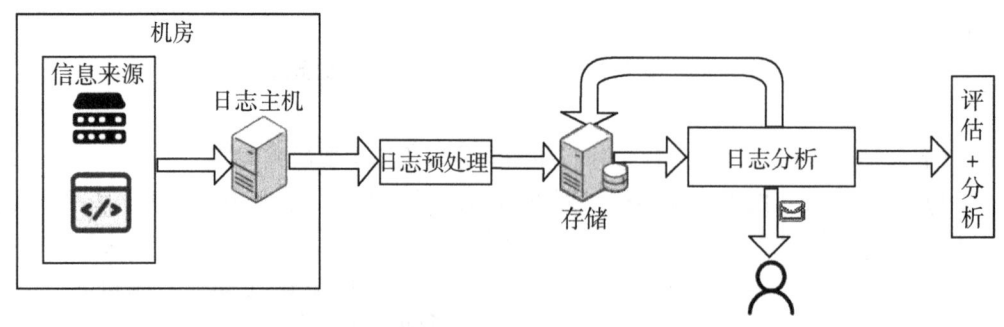

图 3-16 日志分析模块

(3) 漏洞分析。建立基于未知漏洞挖掘和已知漏洞扫描的漏洞分析组合模型，增强系统的稳健性，如图 3-17 所示，漏洞分析主要分为两个方面。一是通过采用非入侵式的采集方式，获取目标网络或主机的网络服务信息和软件配置信息，通过将采集的信息与当前已发现的漏洞进行比较的方式，分析出系统中存在的漏洞。二是利用大量的漏洞验证程序，实现对目标系统的漏洞验证，检测系统是否存在漏洞、漏洞类型、危险等级等，以达到有效漏洞检测。

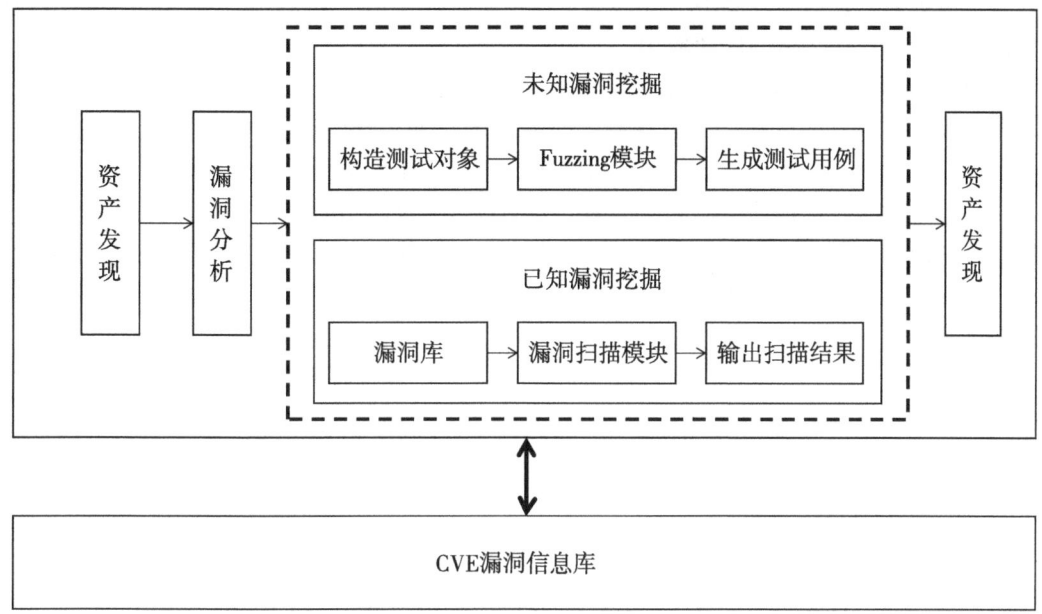

图 3-17 漏洞分析模块

未知漏洞挖掘主要基于模糊测试的方法,将构造的无规则的"坏"数据输入系统中,通过观测系统的运行状态,发现系统中潜在的漏洞。已知漏洞扫描主要基于被动的漏洞检测方式。被动漏洞扫描主要有三种方法。一是通过监控网络流量数据来检测已安装的产品和正在运行的服务。该方法只能用于主动生成网络流量的系统;二是通过分析操作系统、应用程序日志和配置文件以识别产品和版本;三是利用库存管理系统中存在的产品信息,通过将 CVE 数据库中易受攻击的软件描述(采用 CPE 规范格式)与正在使用的产品进行比较,确定受漏洞影响的产品。

3. 系统加密保护体系

由于县(区)域级智慧城市的复杂性、开放性、互联性等特点,从当前数据中心的服务模式、网络结构、数据资源等传统信息系统来看,突出地呈现出以下类型的信息安全现状。

系统和部门多,忽视县(区)域级智慧城市"信息管理"和"信息安全"。传统的组织机构和制度建设一直不完善,服务管理方向欠缺创新,对于信息安全保障体系的建设还处于起步阶段,大部分系统都没有考虑到信息安全的建设。

总体布局能力不足,安全等级设计没有得到充分重视。智慧城市的安全等级塔设计和总体布局能力是城市建设成败的关键,在等级塔设计中需要排除和避免潜在的风险以保证信息安全,有策略地对智慧城市进行建设是影响其整体发展的关键因素,同时,最上层设计的不完整将影响智慧城市运营的整体业务流程。简言之,没有设计就没有规则,没有规则就没有安全。

新技术利用程度低,无法紧跟日益严峻的安全危机。要积极地利用新技术保护系统的安全防护能力，要有计划地发展，安全技术研发和安全产业发展并行。重点促进下一代信息安全技术在区域的广泛应用。

（1）等级保护体系建设。作为城市基础建设的数据中心，不仅服务于智慧城市的运营管理，服务于县（区）各级政府、办事处的政务工作，还服务于公安、司法等高度保密要求的单位，所以在基础建设过程中，要依据相关法律法规，重视保密等级和保密体系的建设。在数据的传输和使用中，需要对传输链路中的数据和磁盘存储中的数据都进行密钥加密保护，通过密文、密钥等安全产品，或者密码机、堡垒机等实体安全设备，保证数据存储和数据传输过程的安全可控。在用户端的应用，应当根据《政务信息系统密码应用与安全性评估工作指南》，科学合理地建设密保体系。

依据 GB/T 25070—2019《网络安全等级保护安全设计技术要求》、GB 25058—2019《网络安全等级保护实施指南》、GB/T 22239—2019《网络安全等级保护基本要求》等多个国家标准与行业标准，对建成的基础设施和数据中心进行评估。根据 5 级等级保护评级，对信息系统进行改造。

主要等级评测和改造工作流程如下：①确定等级对象；②初步确定等级；③专家团队评审；④主管部门核准；⑤公安机关备案审核。在系统定级过程中，需要符合 3 个基本特征：具有确定的主要安全责任主体、承载相对独立的业务应用以及包含相互关联的多个资源。

（2）等级保护体系评测。对于已经建立的等级保护体系，还需要经过专业机构的检测，才可以获得许可。等级测评的主要标准包括 GB/T 22239—2019《网络安全等级保护基本要求》、GB/T 28449—2019《网络安全等级保护测评过程指南》、GB/T 28448—2019《网络安全等级保护测评要求》。在系统进行测评时，主要通过 4 个步骤：测评准备（情况调研、数据分析、测评工具）、方案编制（测评对象、测评指标、测评方法、测评计划）、现场测评（安全检查、漏洞扫描、渗透测试等）、报告编制（单项判定、整体测评、问题分析、整改建议等）。

对于完成等级保护测评的系统，在使用过程中也需要使用加密数据监测、密码态势感知、系统日志监测等多种方式，持续检查和确定系统处于安全可控的环境下。

（3）安全运维管理体系。安全运维管理体系旨在建设一整套保障系统安全可靠运行的管理制度，包括安全运维制度、安全测评制度、隐患排查制度等。建立管理体系必须将安全职责划分细致，明确各区域系统各部分负责人，压实责任，保障系统稳定运行。

建立信息系统安全运维管理系统，首先要建立安全管理机构，负责在县（区）域智慧城市建设中的整体信息系统安全工作，做好管理和监督任务。其次要建立专门的安全评估机构，对县（区）域智慧城市信息系统的安全管理制度、规范、技术、范围等进行全面专业的调查评估，并按照国家和地方的相关安全法律法规和管理制度，规范县（区）域智慧城市系统的安全应用建设、安全制度制订，以及对人员和行为的日常管理。最后，要有专门的安全监管人员，负责监督其他人员对安全制度的执行情况，并对安全系统的运行进行持续的审计评估，确保安全风险的可知可控。

（4）安全监管管理体系。安全监管管理体系是县（区）域智慧城市安全建设的重要组成部分,目的是实现在城市运行管理过程中安全事件的监听和处理。其中所说的安全事件包括安全事件监管、合规性监管、舆情监控、安全审计、应急响应、服务监管、接入监管以及隐保等。

安全事件监管指在管理过程中,管理团队要及时地发现和处理当前县(区)域中出现的各种信息安全事件、涉密事件和安全危险事件,并且这种监管机制要和舆情监控、应急响应等形成联动机制。合规性监测是指在运营过程中,相关人员要对信息安全产品的服务质量和信息安全管理的服务制度进行管理监测,确保产品指标和制度要求符合相关法律法规的规定,确保质量和进度的合规性。舆情监控指安排技术人员和团队对网络中的各种舆情事件和导向进行监控,及时发现迅速反应,进行合适的引导和管控,保证事件信息的真实性和可控性。安全审计指的是运行过程中,发现潜在的系统漏洞和安全风险,并详细记录、及时处理,确定整个事件链条的清晰可查可控。应急响应指在安全审计的基础上,对于突发的信息安全事件,能够迅速做出反应,快速进行处置,这离不开对于系统风险准确全面的评估。服务监管和接入监管指对系统的服务质量、业务接入、用户登录等进行实时监控和管理,及时发现和处理违规的服务和人员。隐私保护是指对用户身份、业务数据、操作记录等隐私性信息的保护,确保重要信息不会被非法使用和泄露,造成危害。

4. 安全信创产品的自主可控

以高校科研院所为核心,政府为主导和引领,重点在高新技术的国产自主可控方向发展,打造一个新型信息技术高地,培养优秀的信创企业,孵化领先的信创产品,发展适合新型县(区)域城市建设需求的信创产业。

(1)人工智能。人工智能是当前信息领域的热点也是重要的研究方向,要进行新型县(区)域智慧城市建设,就需要提前布局人工智能产业,政府牵头对人工智能产业发展进行布局,通过与高校及科研院所等机构合作,政府提供数据支持,高校提供平台支持,建设通用的基础能力平台和应用开发平台,充分发挥各自优势,建设一批高水平,能切实解决实际问题的专业应用开放平台。推动人工智能在医疗、教育、物流、制造等行业的发展与应用,推动人工智能和县(区)域智慧城市场景的深度融合。

(2)区块链。区块链是侧重于数据领域和安全领域的重要技术,也是未来新一代数据共享体系的关键技术,发展自制可控的区块链产业,需要在政策支持下,加强底层技术的攻关创新,围绕核心的加密算法、标识体系、基础架构、链间协调等关键核心技术进行研究,在政务、食品溯源、医疗健康、智能制造、金融投资、公共服务等多个场景中,争取形成一批可复制的、可推广的区块链应用场景和模式。

(3)云计算。云计算是智慧城市和信创产业发展的基础和摇篮,着重打造县(区)域内能切实发挥实际作用的云计算服务平台,真正做到利民惠民,要发展多种云平台组织并存、多种云上服务共享的协调管理机制,提高县区域对云计算平台的使用效率。

六、城阳区基建现状和规划建议

1. 城阳区基础设施建设现状

城阳区基础设施建设领先,一是 5G 基站建设,已建成开通 3 493 个,完成对主城区、街道驻地、科研院所、商场、广场、园区等主要地区的 5G 广泛覆盖,基站建设数量和开通数量均居全市首位。未来城阳区还将继续加速推动 5G 基础设施建设,完成存量灯杆的智能化改造、数十个社区的 5G 智慧路灯建设,最终实现 5G 信号在全区范围内的深度覆盖。为城阳区智慧城市建设提供了坚实的基础。二是网络建设方面。城阳区电子政务外网于 2015 年由中国移动建设,核心设备为两台核心交换机,互联网出口为移动 2.5G、联通 1.5G 双出口,核心设备通过综合安全网关接入互联网出口,各政府单位通过汇聚交换机接入核心交换机,核心交换机有上联链路对接青岛市政务外网。政务外网设备大量使用千兆网口,核心设备有少量万兆网口,可满足目前办公使用。随着 IPV6 的逐步普及,政务网建设的完善,接入现有政务网的数据和资源将会越来越多,原有的网络带宽存在一定的瓶颈,制约城阳智慧城市的业务运营及扩展,特别是骨干层设备需进行全面的替换和升级,提高链路带宽和设备性能。在硬件基础设施方面,城阳区已建成包括区大数据局在内的 8 个数据机房,由专职人员负责硬件基础设施的日常运维工作,具有业务快速处理和数据快速存储功能。

2. 城阳区基础设施规划建议

作为一个县(区)级城市,要发展成为新型县(区)域智慧城市,信息基础设施的建设是主要推动,也是必须先行建设的部分。而在基础设施的建设过程中,和城市区域定位、区域发展规划、区域人口规模、土地建设规模等,有很大关联性,这些因素直接影响着信息基础设施的设计、规划、建设内容、建设数量等。而区内居民和政企客户对服务的需求是基础设施建设需求分析的主要来源,因此建设规划要从几个主要因素来评估考虑,例如重点人群分布、重点产业布局、重点区域开发、重点设施建设等有重大影响的因素。

根据国家出台的相关政策和规范文件,在新一期的城市规划体系中信息基础设施的建设已经被明确定义为城市关键设施建设的重要组成部分,并要求在城市建设规划时充分考虑到信息基础设施的建设需求,主管部门要通盘考虑,针对性地制定相关配套设施和主体设施的专项建设规划,并写入城市发展的总体框架中,有效和其他系统及业务部门进行衔接和同步实施。

结合城阳区现状的县区域智慧城市建设,主要考虑的有以下 4 个部分。

(1) 资源统筹平衡。县(区)域智慧城市的建设聚焦于县区、街道、社区等更基础的范围,而传统信息基础设施更多是从一个城市整体建设的角度思考,这两个领域有相同，也有不同的地方，所以政府在进行规划时，要从公用资源的角度综合平衡、通盘考虑。一般的基础设施在设计阶段要将网络需求和用户需求相结合，对于工程建设的配置要合理可控。但用户需求和网络需求在很多情况下是相互竞争的，尤其是如今信息通信技术迅猛发展和城市需求快速提高的背景下，两种需求不断碰撞、不断融合。这就要求政府具有创新的指导方式，开辟新的规划要素和新的双向融合需求，将传统建设模式的刚性要求和新型技术发展的柔性要求这两者之间的矛盾进行最大限度地降低和平衡。

（2）去中心化。现代移动互联网时代提出了去中心化的概念，这种方式迅速发展，已经开始影响社会的方方面面。而在信息基础设施的建设中也建议引入去中心化的思想，需要改变传统通信网络的分级分区的建设思路。现在的网络融合、数据接入融合和泛在终端融合呈现扁平化的特点，直接对信息基础设施的建设也提出了扁平化、普遍化、服务化和泛融合化的要求。站在城阳区的角度看，县（区）域信息化设施的建设就需要打破原有的区位差异概念，通盘布局，形成一个大的扁平化网络，最终形成符合未来城市发展和规划的建设布局。

（3）边缘物联网终端。根据其他城市建设的经验来看，物联网在智慧城市建设中占有相当重要的地位，尤其是在重要的商业商务区、公共交通区、公园绿化景观区以及城市风貌保护区等，通过物联网边缘设备的改造和使用，将市政设施和城市基础设施相互融合，提升区域管理水平和智能化程度。在未来的智慧城市建设中，更多基础设施的统一开放的发展趋势下，重点布局边缘终端产业，积极进行物联网设施的改造，发掘各类智慧城市应用系统的共性需求，推动广电、水电、通信、自然资源等在统一发展趋势下的充分融合，利用多种新技术、新思路、新方法，打造县（区）域级的物联网网络体系。

（4）新旧建设共存。在建设县区域智慧城市体系时，需要特别注意的是信息基础设施的发展特点，要充分和城市其他传统领域进行结合，不仅是在城市信息化专项规划建设和传统城市发展建设的融合，还要辅助传统建设规划方法进行创新突破，在道路建设、环卫设施、城市商圈、重点建筑区域等，已有建设规划要和新型建设思路结合，有效利用各种可以利用的资源要素。

第四章

县（区）域智慧城市数据层设计与规划

一、县（区）域智慧城市数据层设计

县（区）智慧城市的建设，需要有大规模的数据管理系统作为支撑。和传统的城市数据管理系统相比，新型县（区）智慧城市的数据管理系统更加多元化，而且对数据处理能力提出了更高的要求，重点是对海量多源异构数据、多维数据库、非结构数据等的处理。另外对数据计算、数据分析和数据提取的需求也越来越大，数据层的合理规划和设计，可以为智慧城市的运行管理提供良好的决策支撑。

一个数据库体系的设计，是业务架构和应用系统的基础和核心，一个设计规范的数据库，不仅要考虑数据架构对当前业务的支持，还需要考虑基础数据库、子数据库、元数据库等多个数据架构之间的系统融合。通过合理的数据库设计，可以优化数据处理和展现的方式，支撑信息系统的功能业务。一个理想的数据库架构在逻辑上是以数据作为驱动的，是将业务架构、应用架构和数据架构结合起来进行设计的。

1. 数据库设计原则

整体性原则：数据层的设计需要有一个统一的总体路线来进行统筹规划。作为县（区）域数据层的设计，可以按照县（区）、街道、网格、社区等多个层级的模式，划分多层级和多子系统，分层建设。也可以按照政务、公共服务、工业产业、民用事业等业务分区，分模块建设。最终的目的都是要保证多个数据库的部署构成一个贯通的整体，各系统之间通信畅通，信息共享，形成一个为县（区）域智慧城市提供共享数据服务的平台。

标准化原则：数据层的设计需要按照国家相关规范，统一在技术标准下建设，包括通信协议标准、数据交互标准、系统开发和集成标准，以合法合规的方式，提供数据访问、业务处理、数据通信、数据共享功能，保证县（区）域智慧城市平台上数据的一致性和规范性。

安全与效率并重原则：在设计规划过程中，要吸取多方经验，采取充分的技术手段和管理制度，在保证数据平台和业务应用之间高速的数据交换、保证数据共享平台稳定高效运行的同时，也要保证数据平台的信息安全和运行安全，充分考虑数据平台高并发、高负荷、大数据量级的特点，制定相应的设计要求和管理办法。

系统功能与职责分工相适应原则：数据层的建设是多个业务部门相互合作的结果，在建设和管理过程中要统筹协调，发挥各部门的积极性，将信息系统和业务系统的多个建设模块和不同的管理或运行主体进行匹配，分工建设。

一致性原则：数据层的设计和建设一致性原则，指的是在系统开发的选型、技术、认证、授权、框架等建设基础上，还有在数据定义、参数管理、通信协议、整体业务上，都要确定多个数据库的技术方案一致，这样才能确保数据层的数据库之间良好的数据融合，继而保证业务系统和管理平台的融合。

2. 数据库建设规划

构建智慧化的数据管理体系。

第一是数据管理的指标体系。县（区）域智慧城市管理体系的建设要有统一规范的指标设计要求，从需求出发设计可用的数据系统，更好地管理智慧城市。

第二是报告和数据收集体系。在建立了数据库系统的基础上，根据县（区）域智慧城市的业务功能，规划数据收集规则，分类地采取不同技术手段收集数据。

第三是数据存储和统计体系。对县（区）域数据层的管理，需要利用大数据技术进行统计和分析，并对结果进行数据可视化的查看和检索。

第四是数据分析处理体系。数据系统通过仿真、模拟和数据流监测、实现数据的分析和结果可视化展示，对数据集进行挖掘，对关键数据进行实时监测和预警。

这4个方面形成一个环，持续进行周期性的改进。智慧城市的数据管理系统从一个统计数据指标体系开始，最后一步是分析和数据挖掘，而分析和数据挖掘进一步优化了整个系统的数据。

3. 数据库分类建设

对于一个县（区）域智慧城市的建设，其数据来源不仅限于原有的政务信息资源，已经扩展到城市物联网感知数据、城市CIM运营数据、城市产业数据等多元数据组成。新型数据层的建设要实现从封闭的政务信息系统到多源共享、多方共建、多业务共用的城市大数据体系的提升。通过提高大数据的采集、处理、归类、分析、治理等能力，让城市数据从传统的共享转变为数据全生命周期的治理。数据库分类建设方式如图4-1所示。

二、基础数据库

基础数据库一般是指智慧城市在运营过程中基本参数和必要数据，也是其他业务系统运行的支撑。主要内容包括地理数据、人口数据、卫星GIS数据等各类专题数据，其中人口信息库和地理信息库是比较基础和核心的两个数据库。这些数据库的数据不会随意变动，或者在一定时期内是确定的，所以可以认为是静态数据。

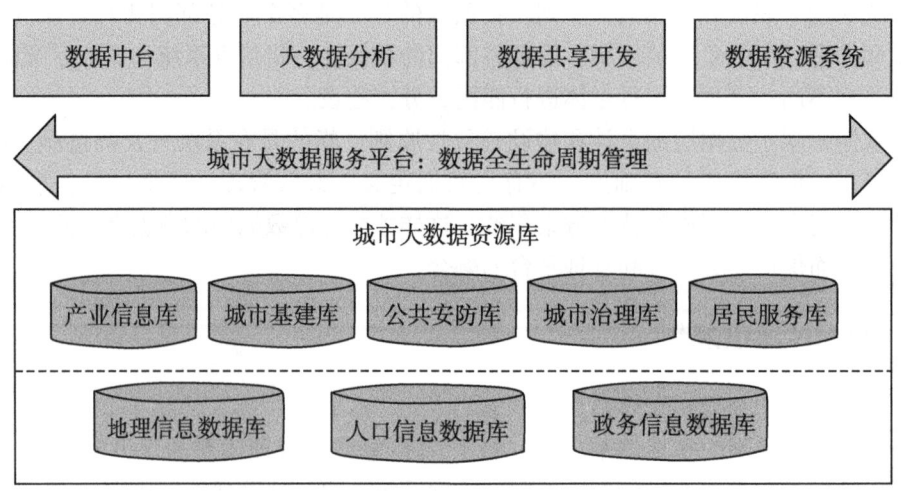

图 4-1 数据库分类建设架构

基础数据库主要有以下几类。

1. 地理信息数据库

地理信息数据库是以卫星数据和地理测量数据为基础，结合 GIS 信息建立的地理空间库，和省、市等上级地理信息库对接，建立的县（区）域内二维电子地图和三维城市模型，为区内其他业务系统提供地理信息服务，并将业务数据在 GIS 地图上进行数据的匹配结合，为县（区）域智慧城市的"一张图"管理方式提供基础。

地理信息库保存的是县（区）域范围内的自然地理数据、河流信息、高程数据、卫星测绘数据、倾斜摄影数据等，是县区域智慧城市在设计、建设和实施过程中的重要依据。地理信息库的数据一般是提前录入或和第三方信息平台对接的，信息录入后以静态方式保存，通过数据服务给其他业务系统提供数据支撑。

2. 人口信息数据库

人口信息数据库是统计县（区）域的人口数据，建立人口信息集，依托多级数据资源共享平台，统计县（区）域内人口信息。人口信息数据库一般可以以身份证号作为唯一标识，然后逐步叠加和人口相关的信息，例如教育、医疗、养老、社保、就业、纳税等，逐渐形成人员个体的全生命周期数据，进而实现区域内人群的群体数据，形成县（区）域人口数据库。

人口信息数据库的数据一般是保存县（区）域范围内的人口数量、常住居民、流动人口、人口分布等相关数据。是县（区）域智慧城市在运营、管理和建设过程中的核心数据。整个智慧城市的建设运营其实就是对县区域内的居民生活进行管理和服务，包括生产活动、民生活动等，所以人口信息数据是县（区）域智慧城市管理中最基础也是最重要的数据。人口信息库的数据一般是和公安部门对接，信息录入后分为静态保存和动态保存两种方式，对上可以接入市级和省级平台，对下可以接入街道和社区等平台，提供数据服务。

三、多元业务数据库

业务数据库指县（区）域智慧城市的建设管理中，关系到城市规划、城市建设、城市运营多个过程、多个领域行业的数据库。这些数据通过物联网感知层实时采集，指导现实城市的施工管理，并再次实时更新数据到数据库中，所以是动态的、多元的数据采集和存储体系。

构建多元化的数据体系，构建包含数据共享应用平台、互联网数据爬取、物联网数据汇聚、社会公共服务数据汇聚业务、数据填报系统、自主填报数据系统和社会数据的多元化数据管理集体系，覆盖内部与外部、线上与线下等多种数据资源，为智慧城市提供数据依托。建立"一数一源"的数据资源体系，建立统一的区域公共信息资源对接平台，实现全县（区）各部门的政务数据共享。在数据管理体系中要建立纵向一市—县（区）—乡镇（街道）的三级数据交换共享，横向打通各部间的数据隔离，解决当前应用系统封闭式建设、系统烟囱式运行、不同行业和政府部门之间的互联互通和资源共享难等问题。数据库服务体系设计如图 4-2 所示。

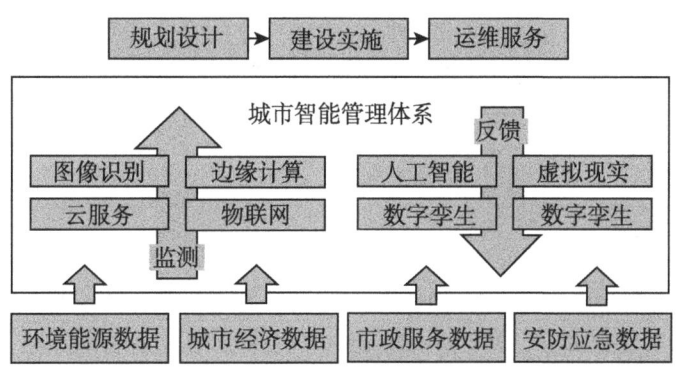

图 4-2 多元数据建设和服务体系设计

1. 政务信息库

县（区）域智慧城市数据库的政务信息库，指的是从县（区）的政务部门开始，下延伸到街道办事处、管委会、社区居委会等政府相关部门和单位的信息系统，其中涉及的数据内容包括财政信息、税收信息、辖区内户口信息、社会福利保障信息、社区情况等。

政务信息按照类型可以分为无条件共享、有条件共享、不予共享等三种类型，以政务信息资源目录内容为基础，以政务管理、政务服务需求为导向，明确分类方式、负责人、格式、属性、更新时间、参与类型、参与方式、使用要求等。政府信息来源从信息资源管理部门入手，按照"谁主管、谁提供、谁负责"的原则，信息资源管理部门需要建立日志和清单，及时更新信息的操作，维护信息的状态，保证信息在存储、传递和使用过程中的完整性、准确性、及时性和可用性，并建立检验机制，保证信息提供、信息存储、信息使用三方之间信息属性的匹配。

依托政务外网建设数据资源共享应用平台，连接各类政务应用平台数据、传统架构下的政务应用平台数据。信息资源供给部门建设政务部门数据安全服务网关，数据安全服务网关是政务部门数据进出的唯一通道，县（区）域的政务部门通过数据安全服务网关互联互通。通过服务网关的管理监控，实现对信息资源共享的可管、可控、可查，并提高使用和传输的安全性，提高信息共享的主动权和积极性。

2. 产业信息库

产业信息库是指县（区）域内的农业种植、工业生产、商品服务等一二三产业的数据库，登记的数据包括产业发展、企事业单位信息、企业工商登记、私营个体户数据、企业法人信息、企业电子执照等。产业信息库的目的是建立一个数字化的县（区）域产业档案，通过数据统筹监管区域内企事业单位和个体经商户的经营行为，让产业管理科学化、规范化。

对于县（区）域内产业主体，依托区数据资源共享应用平台，建立以统一社会信用代码为唯一标识的认证体系，逐步叠加县（区）级工商、税务等政府服务，促进共建单位间信息共享、互联互通和业务协同，实现产业的全生命周期数据和信息的汇聚。从县（区）基础数据库、数据共享应用系统获取产业经济相关数据，整合投资项目、招商引资、经济运行、人力资源、财政税收等领域数据，形成产业经济主题库，为相关部门做出符合区域发展现状的决策提供数据支撑。

3. 城市基建库

城市基建库是收集管理智慧城市的设计规划、道路建筑、区域开放、建筑维护等有关道路、房屋的基建数据库。基建库的数据可以给智慧工地、智慧道路、产业规划等业务提供支撑，主要数据类别包含以下几类。

规划设计资料库：城市规划中的各种设计图纸、资料等内容，随着城市规模扩大，相关的设计资料也逐渐增多，资料的复杂性也越来越突出，通过专门的数据库收集整理，梳理设计规划脉络，规范设计方式，更加清楚地体现设计的应用价值。

规划控制数据库：指的是城市规划过程中，需要满足的主要目标和基本原则，尤其是大规模和重点项目的设计建设，更需要在设计阶段就实施关键要素控制，比如和地理信息库的互通，和道路、河流、地形的结合都需要考虑和体现。

规划审批数据库：在建设过程中由于建设行业的复杂性，在每个环节上都需要多种审批材料，并环环相扣，从整体流程上看审批工作和施工工作还具有连贯性，所以需要重点建设审批材料和流程数据库，辅助电子在线审批业务，实现审批工作的高效和可控工作。

其他管控数据库：在城市规划和后续建设过程中，还有很多功能可以采用数据库服务的方式管理，涉及规划建设的很多内容，包括施工进度、施工安全、务工人员、环境保护等多个内容，以及涉及的人口、行政档案、经济数据、法律法规等，都可以在基建库的范畴下建设实施。

4. 公共安防库

公共安防库是指涉及县（区）域城市范围内的交通、火灾、警务、灾害防治、危机应急等关系区域内居民和产业安全的数据库。这个数据库既可以作为上层智慧交通、智慧警务等系统的基础数据支撑，也可以作为多个安防应急系统的数据存储中台，提供数据服务，为城市运营人员和规划人员提供数据依据和决策建议。

公共安防库从县（区）基础数据库、数据共享应用系统、互联网获取城市治理相关数据，包括公安安全、公共信用、综治维稳、停车管理等领域数据，形成城市治理主题库，为决策支持系统、运行监测系统中的相关功能提供数据支撑。

5. 城市治理库

城市治理库的内容包括公共环境卫生、生态环境保护、道路养护、公园古迹管理等，从县（区）基础数据库、数据共享应用系统获取生态宜居相关数据，包括城市环保监测、林业管理、水务管理、节能减排等领域数据，形成生态宜居主题库，为决策支持系统、运行监测系统中的相关功能提供数据支撑。

6. 居民服务库

居民服务库主要指区域内的教育、医疗、社区、商业、公共交通等关系民生的数据信息，以及电影、电视、餐饮、购物等日常消费和娱乐数据信息。从县（区）基础数据库、数据共享应用系统、平台块数据库获取惠民服务相关数据，包括政务服务、就业服务、教育服务、医疗卫生等领域数据，形成惠民服务主题库，为决策支持系统、运行监测系统中的相关功能提供数据支撑。

7. 非结构化数据

非结构化数据库主要包括公安社会视频资数据、图片图像资源等非结构化数据与城区各类历史数据。非结构化数据一般是以 Hadoop 分布式文件系统（HDFS）以及 HBase 等主流文档数据库来保存，县（区）域智慧城市的运营过程会产生大量的非结构化及半结构化数据，而使用基于分布式文件系统 HDFS 的数据库存储技术，可以在保证数据安全存储的前提下，节省存储空间并为用户提供大数据量的高速读写操作。

四、元数据

元数据的定义是描绘数据的数据，又称为中介数据、中继数据。元数据的作用是描绘数据属性信息，用来支持如指示存储位置、历史数据、资源查找、文件记录等功能。元数据是关于数据的组织、数据域及其关系的信息，简言之，元数据就是关于数据的数据[21]。

元数据的作用是在数据和服务资源之间建立单一标准。这不仅是构建数据资源系统的模型，也是服务资源的模型和描述以及管理服务的模型。元数据支持如何监控和描述数据，并构成共享信息的基础，对数据和服务系统进行了完整详细的描述，汇总了最好、最一致的数据和服务资源，为"精细化"管理提供了基础支撑。

在数据库层的元数据资产，一般认为其包含三种类型的元数据。业务元数据是和业务功能相关、支撑业务系统运行的基础，其存储的是业务实体对象的核心业务信息。技术元数据指的是系统使用的和技术相关的对象数据及技术特征数据。对象元数据指的是使用技术实现业务功能的对象的信息，主要是对数据使用对象的描述。

元数据之所以重要，是因为它的使用贯穿系统的所有资源和业务阶段，对系统信息资源的管理很大程度上就是对元数据资源的管理。元数据的管理可以按照不同类别区分，如行业、功能、应用领域等，也可以按照数据类型划分，如个体数据、群体数据、微观数据、宏观数据等。

五、数据服务

1. 数据中台

数据中台是一个基于数据处理、数据清洗和数据融合理念的机制，是一个根据业务需求和组织架构，通过科学的技术手段和实施方法，构建的可以持续把数据变成资产，并服务于业务系统，让数据真正体现价值的机制。

一个可用的数据中台，需要具备4个核心能力，分别是数据的汇聚整合、数据的分析加工、数据的可视、数据的价值变现4个核心能力，通过这些能力实现用户对数据的应用。汇聚整合能力，指数据治理、数据整合和数据管理的能力。分析加工能力，指数据的提炼、分析、加工能力，数据的资产化。数据可视化能力，指通过数据的可视化，提供快速标准的开发环境和实时的数据分析。一般的数据中台业务结构如图4-3所示。

2. 大数据分析

大数据的处理和分析技术首先要解决的是通用数据的处理，对于不同特征和结构的数据集采取不同的处理方式，结构化、半结构化、非结构化数据分别进行处理。在计算性能方面，大数据处理可分为实时计算、近实时计算和非实时计算，流计算通常是实时计算，其响应度很高，具有批处理和复杂数据分析功能[21]。大数据处理通常需要集群分布式存储和并行处理架构，尤其是在查询分析和大数据计算方面要求高响应的特点，应对不同用户并发访问需要在短时间内返回响应结果。

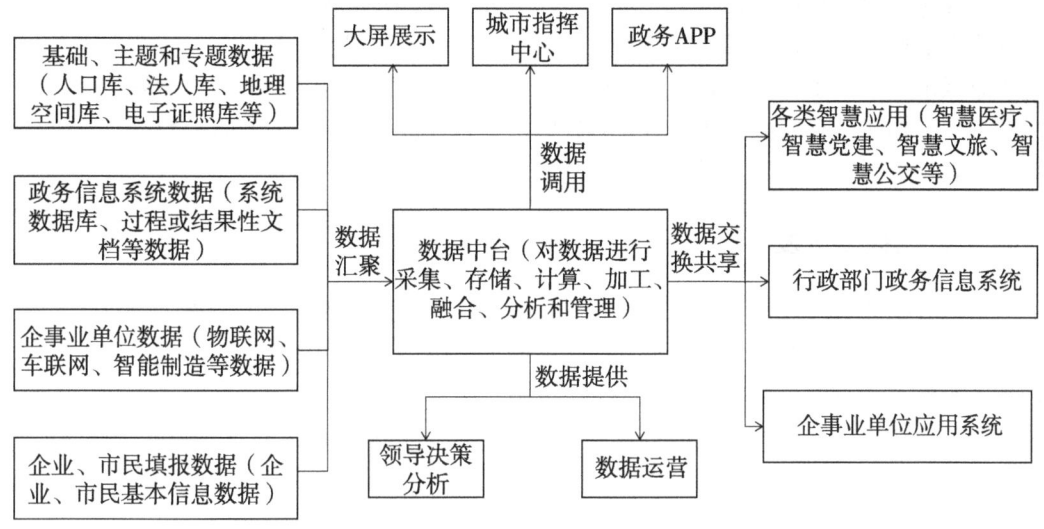

图 4-3 数字中台业务流程

大数据分析和数据挖掘要经过集成可靠和可访问的数据作为数据源，可以通过分析和挖掘对数据进行增强，针对不同背景下的数据挖掘和数据分析技术需要进行不同的考虑，在大数据背景下，为满足日益增长和日益复杂的计算分析需求面临以下挑战。

（1）大规模数据的处理和分析。大数据的"大"主要体现就是数据量基础的庞大，分析处理过程中需要处理的量级大。在这种环境下，一般可以通过抽样分析或特征分析的技术，选取有代表性的数据点进行分析，减少整体数据量和分析难度。

（2）数据分析的深度和广度。一方面数据的类型多种多样，从数据模型的角度考虑可将其分为结构化数据、半结构化数据与非结构化数据三类，这增加了可分析的维度和数据分析的广度，这对于小数据来说是不可能的。另一方面大数据算法可以与其他各种分析统计模型结合起来，深入研究数据的内在规律和特点，例如可以对系统的不活跃用户进行行为监控与数据分析，找出影响其使用意愿的深入原因。大数据结合分析模型可以从更深更广的角度对事物的内在规律做出阐述，使在对各种决策的制定上更有针对性。

（3）实时分析数据和数据挖掘。对于大数据应用，数据分析的效率、准确度是评判该应用的核心要素。实时查询和分析功能是获取信息、做出决策和有效响应的基础。在面对大数据时实时数据分析和数据挖掘已经成为大数据应用的一大挑战，因此构建实时处理能力一直是提高实时数据分析效率的关键[22]。

（4）数据分析的自动化与可视化相结合。利用大数据技术来自动化分析，将分析结果可视化呈现已成为大数据处理的日常模式。实施自动化数据分析的先决条件是配置数据分析模式，通过分析模式向用户提供更多分析体验，保证程序持续使用分析模式进行自动化计算，提高数据分析效率。同时用可视化技术将复杂的计算结果用简单的图像或列表呈现出来，为用户更好地理解和改进数据分析结果提供帮助。大数据可以采用深度学习的方式进行预训练，加大预测的准确性，以达到更好的分析结果。

智慧城市数据管理系统需要运营商、开发者和数据分析师的共同协作，为更好地构建适应大数据时代的智慧城市数据系统，需要充分认识数据系统的目标，打造严谨科学的智慧城市数据体系，落实数据上报规范，打造大数据存储与计算能力，做好数据生命周期管理，构建具有大数据技术能力的数据挖掘与分析系统，形成有效的数据系统设计圈、报表与数据采集、数据存储与计算及数据分析。

3. 数据共享开发

通过数据共享模式科学地汇聚大数据、标准化等各个领域的专业要素，组建多元素汇聚的研发小组，让专业人员主导数据体系的设计应用，实现研发的顶层设计科学、先进要素集聚和跨界融合推进。在数据层建设中，构建畅通的信息沟通机制，在使用中不断提出新功能需求，让数据服务可以随时发现、随时更新，瞄准全县（区）域重点工作，结合民生实际需求，让数据转化成为价值，能够真正地辅助政府运营决策，科学地实现县（区）域智慧城市治理。

在大数据服务平台上开发报表统计、数据分析、可视化报告等服务模块，通过网络向各单位进行延伸，提供数据服务支撑，做到信息共享、标准统一、统筹管理和智能运行，实现县（区）域民生数据服务网络建设统筹共建。数据平台建设时要融入标准元素，以建设一个社会管理和公共服务综合标准化项目为目标，将市民诉求事项分类、大数据分析与应用、复杂舆情及突发事件处置等多项民生服务标准编程写入大数据平台，实现办理全程自动留痕、诉求事项自动分类、录入信息标准统一，确保大数据的精确捕捉、精准分析。持续功能升级，坚持"服务需求、着眼未来"的原则，前瞻性地预判信息化业态的发展趋势，在实际应用中不断推进大数据平台的迭代升级。

4. 数据资源系统

数据资源系统的建设是为县（区）域智慧城市的公共平台提供信息和数据资源服务。系统围绕两方面建设。第一是将分散在其他多个业务系统的原始信息资源进行整合，对这些信息资源集中管理。第二是建立多渠道的信息收集体系，通过各级用户、各级机构以及多个信息管理人员，进行整合管理和决策，最终提供一个综合全面的信息资源系统。

信息资源系统是一个系统的核心，只有对它进行充分的分析才可能设计出合理的系统架构。一般数据资源分为三大类型即：数据库资源、全文资源与分类资源。它们分别对应三种基本的数据资源服务，即检索及记录查看服务、全文请求服务与分类服务，这又恰好对应通用计算机技术所包含的三种通用数据类型，即表（关系数据库）、文件（F11）、树（LDAP 目录服务 XML 数据库）。此设计从总体上遵从业界公认的三层体系结构，即数据层、逻辑层、表示层[23]。

通过建立这样一个数据和信息资源系统，可以将县（区）域智慧城市的上层业务管理和服务系统的数据纳入一个统一的信息系统资源框架，实现"以点带面"的一盘棋效应，改变以往管理模式下各自独立、系统分割、区域分割、业务分割的局面，打破原有的信息孤岛状态，真正地实现开发、交互、协调、共存的城市管理和民生服务模式，为实现微观和宏观的县（区）域城市管理业务提供信息化支撑，为智慧城市的管理层、决策层提供总体规划和发展提供数据决策支撑，可以更好地把握城市发展脉络，引领智慧城市建设的整体走向，并设定长期发展的战略方向。

六、数据块和数据融合

1. 数据块

要了解数据块，首先要了解什么是条数据。

传统的数据都是在数据库中以表格形式一条一条储存的，每一条数据可以定义为行业中相关联的数据呈现链条状态串联起来，但这些数据都是在每一个独立的链条上，相互之间没有很好地链接起来，只串联了领域内的数据，跨领域的数据之间的关系没能很好地表现出来。

而相对于条数据，现在新的数据建设提出了块数据的概念。块数据的定义就是一个空间或区域内形成的人、事、物各类数据的总和，是数据从整理到聚合的过程。大多数数据是离散的、分割的、碎片的，对于这样的数据通过一定的规则和方法整合聚集形成的块数据，可以认为是一个多维的含有多种变量的数据模型，这种数据模型可以比较准确的描绘现实世界，进而指导对现实世界的改造。

简单地总结，数据块就是在多层面、大空间、多领域数据融合贯通的产物，数据块建立在数据开放的基础上，强调的是对数据的高效利用，为各行各业提供服务赋能，将数据转化为智慧城市的升级创新的驱动力。

块数据的特征可以从 5 个维度进行分析。

主体性：以某一个或某一类人或物的活动作为主要数据来源。

开放性：多个数据源和数据应用之间使用一致的标准和技术实现数据的互通和融合。

立体性：块数据的数据库呈现多维立体的架构。

活跃性：数据的值都是随时变动并实时更新的。

关联性：多个数据之间是相互关联的，变化是相互影响的。

2. 数据融合

基于上述多个基础库的数据进行扩展，梳理区域内数据交换需求和共享目录，按照梳理的目录整合民生、医疗、教育、科技、城市发展、产业发展、生态环保、警务安防等业务数据，对不同领域的业务数据建立专门的数据资源池，在资源池内数据集中管理，资源池之间数据按照需求和权限共享。数据融合的设计要有完善的权限管理和认证系统，这样才可以提高资源池之间数据交换的高效率、实时性和安全性，并支撑于跨领域、跨行业的数据服务的贯通。

构建数据融合平台，实现五跨数据融合，强化数据资源整合工作，利用多元异构数据融合的技术理念和手段，打通各部门的"数据孤岛"，对跨层级、跨地域、跨系统、跨部门、跨业务的数据资源进行匹配融合，充分整合城市相关数据资源，构建数据之间的关联关系图谱，将数据资源转变为数据资产，为建设城阳区权威的数据库提供技术支撑，包括数据融合、数据资源管理、数据服务支撑、超级知识图谱等内容。

在数据融合的概念体系中，提出了数据集的概念。数据集就是将某些具有类似特性的数据，按照一定的服务需求进行拆解和重组，将其中需要关注的数据聚集形成的数据集合。这些数据集即是数据层管理的基本资源单元，也是为上层服务层、应用层提供服务的资源单元。一个数据集的建立不论是外部获取的数据还是自身产生的数据，都是需要在一个统一的标准和体系指导下生成并进行管理，进而对外提供资源服务的。而资源服务体系的建立是基于多个数据集之上，将各种服务资源化和集合化。通过服务功能的整合，将有限的信息资源变现，实现其价值，发挥其潜力，使之真正服务于公众使用。资源服务体系包括基础微服务组件以及基于服务组件的重组、链接规范和规则，从而形成复杂的服务功能。

3. 全域数据体系

全域县（区）域智慧城市的架构，一般可以抽象成一个金字塔结构。位于底部的是公共基础层，对应于城市服务体系的公共服务，例如公交、地铁、环卫、公共设施等，该层在现实城市中存在对应的实际业务和操作人员，有专属的部门来负责管理和维护。位于中间的是管理服务层，对应于城市管理体系的运营管理，例如街道、管委、公安、科技等，主要是保证城市整体运营管理，一般不会有实际的操作，主要是日常运营管理的业务。最上层就是生活生产层，对应城市体系的全体用户或居民、商场、企业等，是依托在基础服务和管理服务之上，才可以实现更高效、更科学、更智能的生活生产活动。通过这样的三层模式，一个完整的县区域智慧城市运行体系就构建起来了。

县（区）域智慧城市的建设，既服务于大众、迎合民众需求，又极大地方便了政府的管理，我们可以认为智慧城市是对一个真实城市的数字化仿真，并可采用高度抽象的方法从逻辑上对城市外貌进行建模，最终形成一个和现实城市并行的、由数据组成的虚拟智慧城市。

七、数据层安全防护

在县（区）域智慧城市数据层建设的几个重点难点问题中，数据安全问题是贯穿始终的核心焦点。很多城市运营数据涉及人们财产和生命安全，甚至国家安全，部分核心数据有非常高的数据价值，对安全保密也有非常高的要求，而海量多源的城市数据也给安全防护带来了大量难题。当前时期政府、企业、个人的信息安全意识逐渐增强，信息安全风险也逐年上升，能否比较好地解决城市数据安全问题，是新一代县区域智慧城市能否良好发展的关键。

1. 新型智慧城市特点

县（区）域智慧城市数据层是信息技术、通信技术、基础设施和公共服务设施的集大成者，有以下显著的特点。

广泛的物联网应用：在智慧城市基础设施层的建设中，采用了大量的边缘智能终端，搭建了物联网感知体系，将智慧城市中的水、电、油、气、交通、监控、人流、自然资源等多种服务资源以及社区内的各种设施和物品有机地联系起来，形成全面覆盖的物联网网络，同时网络中每一个信息源或信息入口，都存在被入侵的风险。

云计算和云城市的应用：智慧城市的服务体系是基于云计算技术搭建在云平台上，而云技术的使用导致网络资源、计算资源、存储资源等很容易被破坏和利用，尤其是多层的权限系统更容易被破解导致数据和资源的泄露。

新一代通信技术的应用：目前智慧城市的通信网络正处于大面积更新新一代5G通信网络的过程中，5G技术带来了新的发展机遇，同时也带来了新的安全问题，在大规模使用中的诸多安全隐患还需要经过一段时间的验证和更新。

大数据存储分析的应用：新型大数据智慧城市信息系统接入了大量的第三方数据库并对外提高接口，其中保存的城市数据都有很高的价值需要重点防护，第三方接口也导致数据泄密危险增加。

2. 新型智慧城市数据层风险

集中、共享、开放是新型信息系统的特点，但这些特点也是一把双刃剑，在给城市运营带来便利的同时，也带来比以往更严重的威胁。

核心数据被破坏和泄露的风险：城市数据库中的居民个人信息、政府重要机密、产业核心数据等更容易被危险人员盯上，成为灰色信息产业交易的源头。

核心数据的非法授权访问风险：智慧城市运营采用的数据集中和多方共建的方式，需要多个部门的自由访问和存取，这种访问模式带来严重的授权管理和非法授权风险，就需要对信息的访问存取和授权进行特殊的管理，来及时跟踪数据被谁访问和操作、通过什么权限访问和操作等。

核心数据的存储风险：数据库的存储都是在数据中心，数据中心需要专门的团队进行管理，而这也导致了数据存储的风险，比如在存储过程中非人为的设备损坏、或人为的数据泄密和窃取等，这样对数据中心和数据存储的安全防护就提出了新的要求。

数据使用的法律和合规性风险：大量的个人数据和企业数据被集中在一起，被多个业务系统使用，其采集和使用过程是否符合相关法律法规，对智慧城市数据层的管理者是一个重要的考验。

上面提出的这些风险，不仅是县（区）域智慧城市建设过程中需要面临和解决的问题，也是城市运营者和各级用户可能面临的问题。解决上面这些问题、建立应对风险的科学合理的体系，才是县（区）域智慧城市建设和运营中健康可持续发展的基础。

八、城阳区数据层建设使用现状和规划建议

1. 城阳区数据层建设现状

目前,城阳区将数字政府、数字经济、数字社会、数字基础设施融合在一起协同推进城阳区新型智慧城市的建设,围绕经济运行、政务服务、民生幸福等建设了数字城阳大数据中心,持续开发教育、交通、医疗、安防治理等多方向的智慧应用场景。在数字城阳的建设中,也要考虑建立"空间数据共享交换模块",整合各个具备独立功能的组件,通过标准化接口实现对外的数据统一交换和共享。通过使用面向开放共享交换的技术架构,将服务、应用和系统进行解耦,形成服务群、应用群等,通过共享交换模块建立具备开放、稳定、独立的特性,支撑各类业务系统的数据使用和交换需求,实现"一个大数据中心,多个应用链接"的目标。同时具有空间数据服务可视化功能,只需要通过数据流界面化自定义、可视化界面布局自定义以及参数设置,便可以按照业务需求进行空间数据可视化看板的定制,形成各类型大数据分析报表。

2. 城阳区数据层规划建议

城阳区数据资源种类多,数据量大,为后期城市大数据分析提供了良好的基础,但城阳区数据孤岛现象仍广泛存在。一方面,各单位之间的信息系统相互割裂,数据无法打通,无法有效支持跨部门数据共享、业务协同。另一方面,受访单位均有自己的信息化平台及应用系统,这些相互独立的系统增加了单位内部数据共享的难度。而更严重的是上级垂直业务系统基本都没有给区级政府提供业务数据留存。由于数据没有打通,民众在办理业务时,需要在多个窗口、重复提交多份纸质材料,影响公众服务满意度。针对这样的问题,建议有以下几个方面。

(1) 数据分布式管理。基于大数据分析、云计算和云存储、微服务架构等技术优势,对空间数据进行分布式管理。在保证原有的数据架构不被打破的前提下,进行分布式拆解和统一管理,将跨地域、跨层级、跨领域、跨系统的空间数据资源服务化。同时利用存储分布式、逻辑集中式的松耦合管理机制,将数据进行分类管理。

(2) 数据萃取技术。在获取空间数据的范围、周期、内容等任务信息时利用空间数据萃取技术进行萃取。所谓萃取就是在县(区)域智慧城市全域范围内的数据按需进行定向提取,然后结合人工智能和机器学习技术,模拟和学习人的操作,生成行为模型,最终根据模型实现数据的全天候无人值守状态的动态提取。

(3) 模型分层设计。模型分层设计指的是通过大数据中心建设,对存储方式、数据特性、处理效率、访问效率、处理复杂度及模型扩展性等方面,将多种数据分为原始数据层、基础数据层、融合数据层以及应用数据层,以这种分层归类的方式实现对数据源和数据加工处理过程的分离,保证数据的存储和访问效率[24]。

第五章

县（区）域智慧城市平台层设计与规划

一、新型县（区）域智慧城市平台层

随着数十年的信息化建设，目前绝大部分的智慧城市管理体系已经建成了覆盖多个行业和领域的信息化业务系统，但是现有的各类信息化系统无论是运营实体、行业领域、体系结构以及设计模式上均松散杂乱，形成了众多孤立、分散、毫无联系的"孤岛"系统。另外由于系统之间数据和服务的相互割裂，造成运营和维护过程的困难，大量系统的业务功能重复性建设，对于收集到的业务数据资源和服务运算资源也造成较大的浪费。

对于传统模式的系统建设方式，其通用的建设模式是从本系统或者本体系系统出发，以瀑布式或者竖井式的系统结构设计建设。但这种方式的注意力集中在行业或领域内部，系统服务和数据均会被隔绝在本系统的信息范围之中，对于需要多行业协作的系统建设方式下，形成各类信息系统数据隔绝，难以进行信息交互、协同、共享、合作，极大地阻碍了新型一体化智慧城市的建设。

根据当前新型县（区）域智慧城市的发展需求，需要建设具有信息化、数字化、智能化的智慧城市系统平台，以各类统一、公共、普适的支撑平台为基础，将各个系统或各个行业之间的信息壁垒打通，统一标准下接收县（区）域多个信息体系产生的数据，进行标准化、集中式的管理，平台统一分配接口，并统一管理系统数据的对接。

1. 新型县（区）域智慧城市平台层

县（区）域智慧城市平台层的建设离不开物联网共性平台的支撑。物联网共性平台是利用智能终端、智能网关等解决大量异构设备的组网和多源数据的汇聚问题，利用边缘计算和云计算技术解决数据的接入、分析、共享，利用物联网 API 接口统一对外提供数据接口和服务接口，解决传统模式下开发周期长、部署维护难的问题。还可以利用物联网节点接入认证体系，来保障物联网系统在复杂互联网环境下的安全问题。

县（区）域级智慧城市平台层的建设，将传统信息化系统分散存储的混杂数据转化为汇聚共享、开源协作、标准统一、共性支撑的数据集群，让原本相互隔绝无法充分利用的数据，井井有条地分配给各类智慧城市应用，是智慧城市系统能够有效建设、充分利用、深入优化智慧生活体系的重要支撑与保障。

平台的建设要充分融合利用县（区）域环境下的各类信息系统产生的数据，并根据各类应用层系统的需求生产有效的数据与服务，打破传统的信息系统体系的孤立与闭塞，筛选利用数据及其内含的大量有效信息，实现信息数据的有效整合和分析协同，对内含不良的数据进行剔除，确保上层应用和服务不会因为基础设施的性能限制，影响其数据收集的效率，最终更加有效率、更加灵活地推动县（区）域级智慧城市的进一步发展。

2. 县（区）域智慧城市平台建设规划

在县（区）域智慧城市平台层的建设规划上，重点是解决上述的信息孤立问题，需要在县（区）域级智慧城市系统中建立统一的应用服务制度和数据管理制度，在已经建立的各个网络子系统和即将构建的各种子系统之间进行整合和规划，建立一个共享的技术支撑平台用于整合资源、交换数据，促进这些子系统之间的统一，让现有的分散式各个行业各个应用平台的子系统，由公共平台实现统一的管理和访问。

在县（区）域级智慧城市公共平台建设中，底层需要物联网系统的支持，而传统的物联网系统会根据实际各自不同的需求进行线性设计，是典型的竖井式应用系统。不同的物联网节点会根据各自所处的不同的物联网应用系统和不同的实际需求，采取各不相同的应用模式，不同的通信方式，不同的交互逻辑，多个需求、多个系统产生的物联网节点即使宏观功能相似，也难以相互协同。这种方式开发的物联网应用各个系统功能单一、应用局限性很大，每个系统只适用于特定的场景，缺乏与其他系统以及整个物联网世界的沟通，需要一个完整的平台层系统的支撑，辅助各个独立的物联网应用的协同合作。

新型的县（区）域物联网共性支撑平台将改变物联网中感知资源的独立性和本地性，将封闭、分布式的小规模的物联网数据，通过公共服务集成技术，转变为互通的、应用资源汇聚式的公共服务资源池，最终形成统一的物联网公共服务平台体系，有效地支持地区上不同的智慧城市具体应用的要求。

3. 县（区）域智慧城市平台建设特点

县（区）域层面的各种智能城市应用系统需要公共的支撑平台提供相关数据、计算、管理以及其他服务，不仅可以保证各类智慧城市平台的开发迭代，统一共享，也可以保证各类城市不受硬件资源和基础设施的影响，轻松获取城市各类所需资源，高效、灵活、便捷的推动智慧城市的建设以及发展。

县（区）域级的智慧城市的支撑平台应该具有下面的特点。

（1）支撑各类终端服务以提供最基础的数据与服务，例如人员资源权限系统服务，数据级联事务相关服务，大数据统计与分析服务等。

（2）各类终端服务以公共支撑平台为基础开发，融入整个智慧城市架构中去，而公共支撑平台也必须为各类终端系统提供服务。

通过建设公共支撑平台的方式，可以帮助整个智慧城市的建设高效合理，也可以为建成的系统提供更好的性能指标和安全保护。而且通过在公共支撑平台进行拓展建设，从而提供更多的应用服务和功能。公共支撑平台确保在县（区）域层面上构建的不同智能城市应用程序能够满足后续应用程序扩展和变化的要求。

现有的数据中心和云计算应用能力的公共平台已经初步形成了技术系统和大规模应用，因此可以将其统一到县（区）域级智慧城市的公共应用平台进行规模化的研究，实现对智慧城市应用的一种成体系的技术支撑。建立后的县（区）域级应用平台应该具有以下功能与特性。

（1）综合感知。通过利用无处不在的传感网络用于感知、监控、分析、预测城市运行的各类系统。

（2）全面整合。将县（区）域级智慧城市涉及的方方面面的数据进行整合，形成统一的公共资源系统，进行统一管理分配，支撑县（区）域智能化推进建设。

（3）促进发展。充分开放公共资源体系，与公共支撑平台功能体系，鼓励各个行业，各类从业者在县（区）域级智慧城市基础设施之上，建设丰富多样的智慧化应用系统，推进城市智能化建设。

（4）协同运作。通过公共支撑平台的各类资源整合，充分发掘各类数据的潜在联系、潜在价值。充分促进各类行业、各类部门在公共支撑平台的基础上更加高效地协同发展。

4. 县（区）域智慧城市平台设计标准

县（区）域级的智慧城市标准规范是县（区）域级智慧城市建设和县（区）域级智慧城市产业健康有次序发展的基础。因此，我们需要了解由工业和信息化部、住房和城乡建设部等相关国家主管部门组织的县级智慧城市建设总体规划，只有通过顶层设计、系统规划，按照统一的标准规范和指导思想去建设落地运营，从而实现整体间的互联，从而发挥云平台的潜力。可以使各单位以良性的方式合作，并提高透明度和发展建设成果，使所有人受益。

县（区）域级智慧城市公共支撑平台建设需要积极避免一些以往发展所遇到的弯路。例如，一些项目更注重建设，较少关注运营；更注重系统功能，较少关注安全与稳定。因此需要构建稳定的运营机制，保障系统长期稳定的监护、管理、维护，才能保证其为智慧城市的建设长久地保驾护航，作为智慧城市最稳定的基石。另外安全也是一个需要核心关注的内容，随着智能化的建设，互联网络已经成为城市的第二空间范围，而其高连通性也会使得其在遭受到安全问题考验时产生巨大的破坏和深远的影响。

县（区）域智慧城市的建设方案，可以先在各个业务场景中建立子系统，可以采用混合的架构模式，针对性建设。然后在各个子系统中间采用统一的架构模式建设一体化数据和服务共享平台，得以实现智慧城市运营中更加高效的数据交换和共享，是整体建设的趋势。

二、县（区）域智慧城市平台层设计架构

1. 县（区）域智慧城市平台层的组成

一个较为完善的智慧城市公共平台，就是把城市的数据共享平台、应用支撑平台及虚拟化的平台3个部分融合为一个大的整体，最终以一个统一的体系来解决城市信息技术基础设施资源整合、城市基础的数据整合、城市各类行业应用数据互通与共享3个层次的需求，并且整个体系应该具有标准规范和运营与安全保障。

（1）数据共享平台。最终目的是要建立一个分布式网络环境下的城市各项数据互通共享的数据交流平台。数据交换平台需要利用服务构建以及微服务的思想进行构建，以 XML 为信息数据之间的交换语言，在统一的信息交换接口和数据传输的协议的基础上进行数据封装，利用消息传输的机制实现信息之间的沟通，实现各种基层数据以及业务层面的数据的共享交换，从而实现各部门应用之间的信息共享。各地区人口数据、法人数据、宏观微观经济数据、空间地理信息在数据共享平台上进行统一的共享、交换[25]。

（2）应用支撑平台。集成各类系统通用的基础功能，整体规划各类系统的基础框架。其包括各类支撑系统敏捷开发的集成功能，主要提供的应用功能包括搜索功能、报表功能、数据分析功能以及其他辅助快速开发的数据检索功能。基于这些模块以实现智慧城市各类系统的快速构建方法，可以显著提高上层应用程序的开发效率和质量。另外应用程序还必须包含一个完全开放的工作环境，用以将系统中的数据和应用服务能力集成为各类上层引用直接使用的服务 API，并可以提供第三方的开放业务系统和应用系统程序。第三方的应用程序还可以获取应用系统的内部数据，在安全和可验证的条件下调用其内部业务流程，同时也可以接入第三方应用程序和业务系统，以实现整个系统中数据和服务的无缝集成。

（3）虚拟化平台。主要是整合城市虚拟化平台。通过建立县级云数据中心，人们可以整合电子信息系统的基础设施资源，建立有统一管理功能、动态调度、弹性持续增长以及按照需求使用的资源集合，提高资源的利用效率。通过逐步的整合以及收集有关城市治理的宝贵经验信息，分析和处理海量数据，以实现信息和通信技术基础设施交换、平台容量和应用程序的扩展。

2. 县（区）域智慧城市平台层系统架构

县（区）域智慧城市公共支撑平台的信息合成是对分散的异构的应用和信息资源进行汇总，以统一的访问门户方式来实现不同数据库应用和跨行业系统平台的无缝衔接和访问，建立一个支持数据利用、传输和共享的集成环境，促进高效、经济地开发个性化和客户特定的业务应用程序，形成高效的资源使用、业务集成环境，保证各类数据以

及基础应用支撑的灵活使用和管理等。智慧城市平台层架构如图5-1所示。

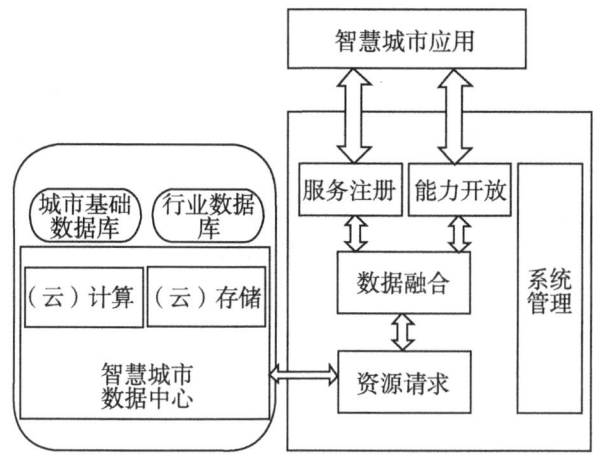

图 5-1 智慧城市平台层架构

县（区）域级智慧平台层以架构来说普遍分为3个子层，对连接进行管理，对数据进行存储，对数据分析、计算和处理。

（1）连接管理层。对包括物理设备感知在内的数据接入层连接进行管理。

（2）存储管理层。对各类软件资源、硬件资源、计算资源进行管理；对各类原始数据进行关系化存储管理，为整个智慧城市系统提供资源统一管理和分配，包括数据资源的管理和使用，以为上层平台进行支撑。

（3）数据及服务融合层。提供数据与服务的支撑，依靠下层数据的支撑，根据线与智慧城市系统各类应用层服务系统的需求，为各类应用层系统提供特色服务与数据的支撑。

3. 县（区）域智慧城市平台子系统构成

县（区）域物联网共性支撑平台由多个子系统构成。

（1）边缘云计算系统。实现计算存储资源的跨域协同管理及数据共享，满足分布式应用系统基本需求的同时提高实时性、扩展性及安全性。利用多域协同云计算管理体系架构，实现计算存储资源的跨域协同管理及数据共享，满足分布式应用系统基本需求的同时提高实时性、扩展性及安全性。并且增加多域平台总控中心，解决各个分布式边缘系统的协同与资源共享、动态分配的问题。

（2）物联网感知接入系统。对接多样化，异构的底层感知器数据、收集、过滤、分析数据内容。物联网需要面临的最大问题是底层设备的多源异构，大量的底层设备的通信协议并不统一，而且数据类型也差别较大。针对上述问题，该系统开发利用软适配物联网交换机，基于TCP、MQTT等主流物联网协议，直接从各种复杂的物理层设备中收集数据，解决了大规模多源异构设备的组网和数据汇聚转发问题，并且可以对设备数据进行初步的分析过滤，保证网络通道的畅通，防范了底层简单系统设备导致的安全问题。

(3) 物联网 API 供应平台。将接收到的物理层数据规格化数据输出，为其他系统提供便利的数据支持。对接物联网感知接入系统，进行进一步的分析利用之后，将数据打包为统一的格式，针对物联网的应用开发规范，封装成一系列丰富完整的开发接口，并在此基础上提供海量的应用开发模板、页面拖拽生成、多语言代码逻辑一键生成等服务。支撑在此基础上的新系统快速开发，快速部署。并且依托统一权限与身份认证平台，进行细粒度的数据权限认证，保证系统的安全性。

(4) 物联网数据管理平台。利用关系型数据库、NoSQL 数据库、Search、云存储等技术将大量异构数据，划分合适统一标准格式混合存储。与传统"垂直型"架构相比，县（区）域物联网共性支撑平台对县（区）域内智能设备及其设备数据进行统一管理，屏蔽传感器的数据差异和协议差异，实现数据共享；应用层共性业务下沉，平台提供统一接口，缩短开发周期。

针对海量多源数据异构性，综合关系型数据库、NoSQL 数据库和云存储的优势，将海量数据分类存储、混合存储、存储动态伸缩可扩展，并以形象直观的形式展现，方便用户管理，解决了海量多源异构数据的存储、查询、展示难题；同时利用分布式缓存，负载均衡等技术保证了系统数据存取的速度，支撑更加复杂庞大的物联网系统。

三、县（区）域智慧城市平台层建设内容

智慧城市平台层建设分析主要是将各类信息化系统和互联网应用中孤立存在的、封闭的、孤岛式的数据转化为开源的、跨领域的、协作式的数据；将分散式的、小范围的信息化或者物联网数据转化为汇聚式的、共性支撑的服务资源集群；将各类千差万别的数据类型，由统一格式的数据接口提供。最终为智慧城市各类具体应用提供覆盖式的全面支撑平台。

1. 建设行业应用联合体系

对于县（区）域数据融合集成支撑平台来说，最主要的功能在于辅助管理人员，对于县（区）域的交通、教育、经济、产业等各个行业进行有效管理，以大数据为支撑，以各类基础平台为跳板，综合县（区）域环境下规模庞大的分散式数据，通过数据融合技术，形成各个行业与政府部门的联动合作，深入挖掘庞大数据源的潜在价值，加强政府与企业民众的互动，推动城市智慧化发展，最终反过来撬动行政体制深化改革，促进县（区）域城市建设。

2. 建设多系统的对接体系

县（区）域数据融合集成支撑平台通过数据中间键截取原始数据和物联网支撑平台通过采集接口获取到的数据，这些数据经过数据分析系统过滤反馈出大量可直接利用

的数据信息，并通过大数据平台接入，以统一的格式存储于中央存储系统中。县（区）域数据融合集成支撑平台，借助现有的 IT 产业和已经建成的数据源头，对数据充分挖掘和灵活协同处理，为多个产业带来巨大的便利和发展，并且随着平台接入数据的日益丰富和多元化，技术的进一步成熟和发展，未来数据融合平台带来的优势和便利将会深入影响县（区）域生活和行政管理的方方面面。

3. 建设消息集成中间件体系

集成中间件包括传统的消息中间件、数据集成中间件和服务集成中间件，是智慧城市平台各类集成服务的提供中心。其核心的业务内容包括各类支撑服务的提供，包括服务的路由、服务的目录、服务的监控、服务的认证、权限的发放等。另外还需要提供消息传递的服务，包括协议的转化、消息的订阅发送等。可见当数据和各类中间件集中化之后，集成中间件关注强调的已经不止各类中间件服务本身，更为关注的是提供调度各类数据与中间件服务，以及对各类服务之间的数据通信数据流进行调度。

集成中间件区别于传统的数据交换平台，它提供的是一种数据共享的服务理念，而不是简单地进行数据转发等任务。它是一系列服务的集合体将公共业务组件化，将各类组件以通用的服务进行提供，注重业务内容的灵活组合、灵活扩展，注重业务服务体系的信息交互、信息互通。最终目标在于将服务本身无状态化，可以在其框架体系内，在其集群架构下随意地水平扩展和垂直分段。

四、县（区）域智慧城市平台层应用服务

1. 多元系统节点的数据接入

县（区）域物联网平台使用可以自由接入不同种类的设备的不同的感知接入系统节点数据，基于统一的物联网平台，实时查看每个节点内部多个设备、多个传感器的实时状态，可以根据设定的不同设备的场景，利用实时接入的传感器节点的数据，通过最简单的方式生成可视化的大数据展示平台。

针对不同节点的多种设备设置规则触发器，当某项设备的某个属性达到预定的阈值，会触发规则，控制其他设备完成预定目标。充分利用不同设备的不同数据，让数据可以跨越物理空间和设备的阻碍，协同控制，智能使用。保证了系统和现实物理设备的安全稳定，也大量节省了人工成本。再结合统一监控与告警平台将报警及时通知分发给管理人员。物联网规则触发如图 5-2 所示。

2. 数字孪生平台服务

数字孪生的字面意思是实体设备在数字空间的孪生体。实质上是将实体设备在虚拟空间进行映射，从而实时反映相对应的实体装备全方面、多维度的物理状态，以及衍生

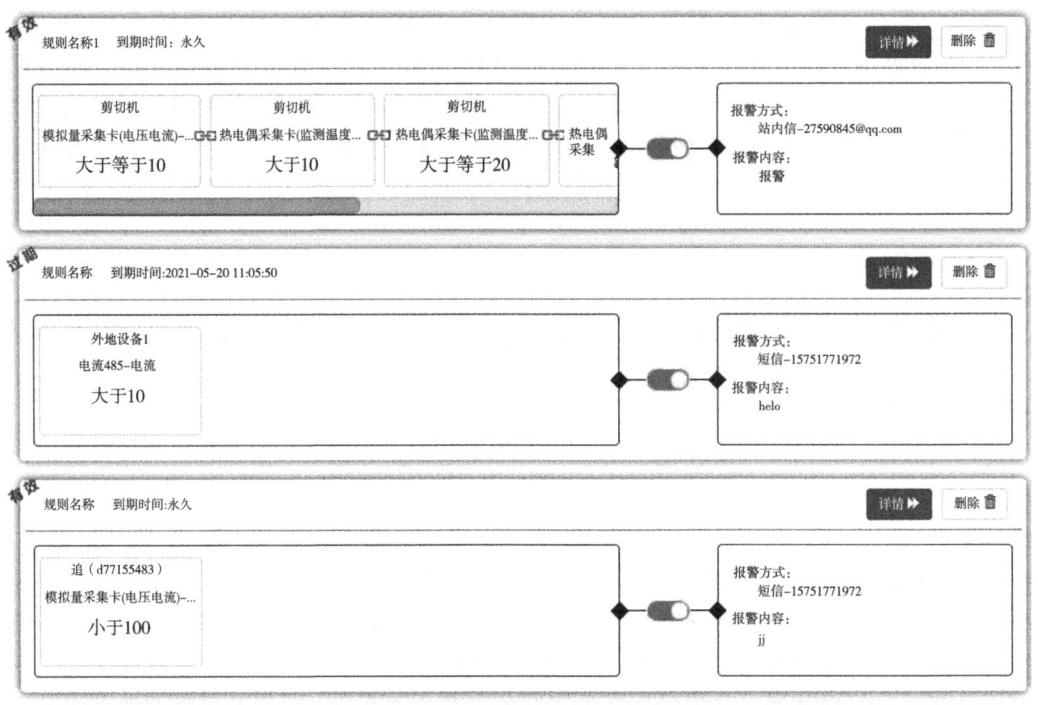

图 5-2 物联网平台规则触发器

推测状态。数字孪生技术对物理实体数据进行测量，仿真计算，分析来感知、预测物理实体，并反过来优化或指令实体物理对象的行为。并通过对数字模型分析和相互之间的学习，来对物理实体的决策进行目的性的优化和改进。

县（区）域数字孪生平台，旨在打破不同实际领域之间的隔阂，实现县（区）域城市生活、生产、发展中所需要的资源，借助此平台的丰富多源的数据和共享性、开放性，实现信息的互通、协同，优化资源结构，构建完善资源信息结构生态。数字孪生在县（区）域数字孪生平台，针对县（区）域特有生产生活环境特点，将县（区）域数字孪生平台分为以下五层架构：物理层、数据层、机理层、表现层和交互层。数字孪生平台架构如图 5-3 所示。

数字孪生平台包含众多领域的物理设备，数据采集方式有足够的多样性，且数据规模极其庞大。需要利用云服务+边缘计算多重混合服务数据服务模式。边缘服务主要包含在数据层，分担设备状态监控，设备数据规整转发，设备数据峰值过滤等功能。保证设备以及实时数据的稳定与通畅。而云服务主要包含在机理层，利用县（区）域物联网共性支撑平台，统一接受处理数据，并对数据进行分析，推算。之后形成统一的数据接口供表现层、交互层以及其他的系统使用。数据网络通路流程如图 5-4 所示。

县（区）域数字孪生系统用多个物理数据和现实场景构成，需要多场景，多物理参数，多个物理尺度综合全面地进行仿真建模。将物理信息加载到数字孪生模型上，利用数据和模型两种基础资源进行高逼近仿真，在虚拟环境中实现对整个县（区）域数据空间的精准监控、分析、控制、决策。模型资源主要是构建与现实场景高度仿真的模

第五章 县（区）域智慧城市平台层设计与规划

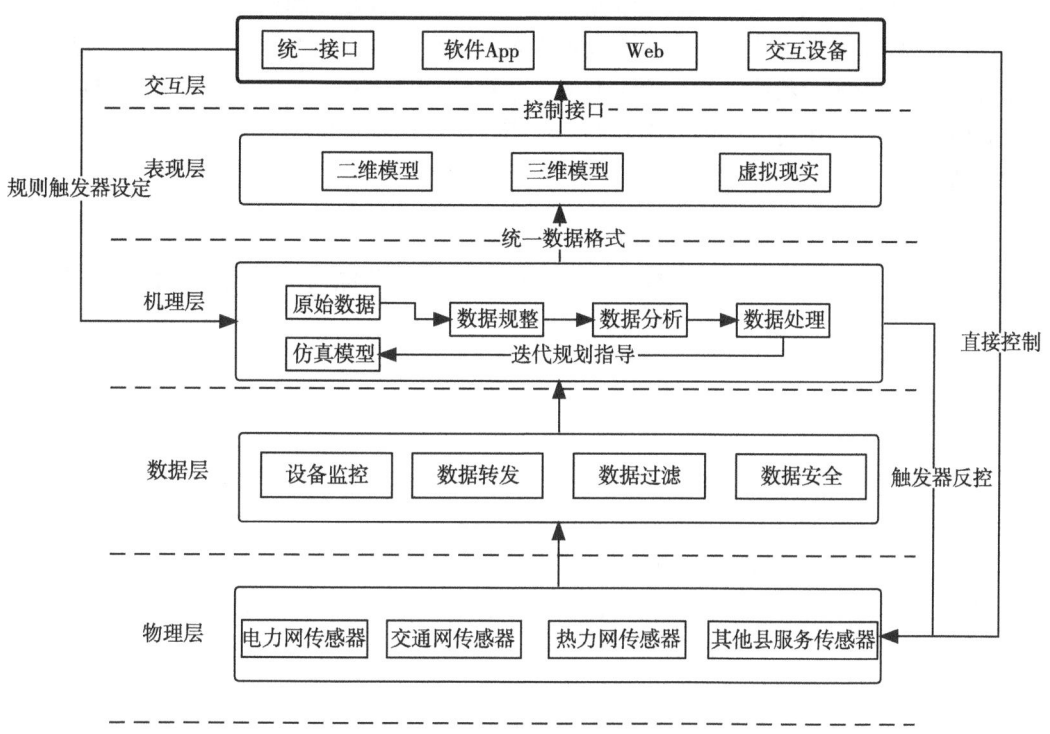

图 5-3 数字孪生平台设计架构

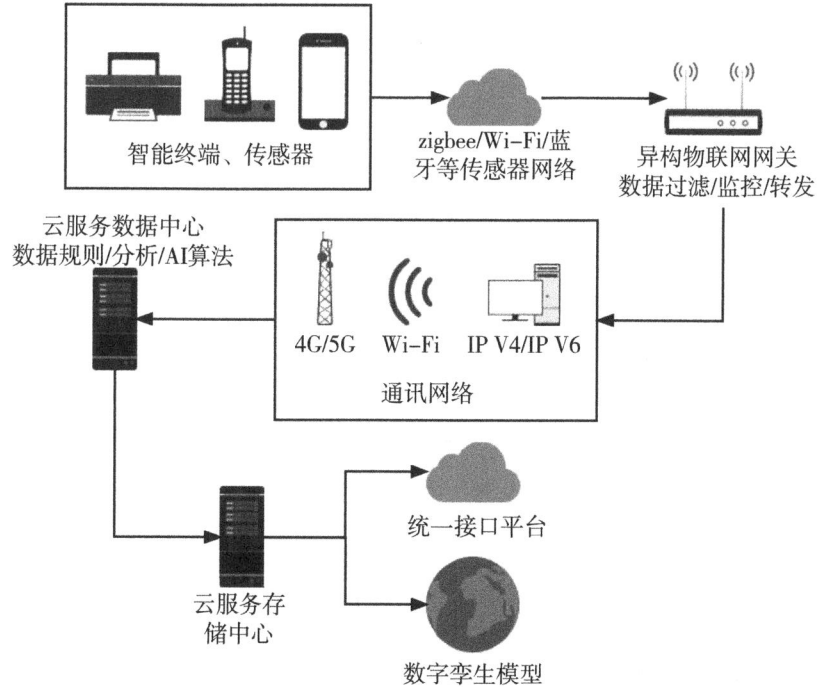

图 5-4 数据网络通路设计

· 67 ·

型,将现实场景一比一映射进虚拟空间,包含客观的物理规律约束与物理场景描述,能够以最直观的状态查看物理空间各个物理设备与属性。数据资源主要是多种检测设备监控的物理世界的实时状态,通过稳定通畅的数据传输网络和高效智能的数据处理平台获取到真实、稳定、实时、智能、丰富的数组资源,结合模型资源实时仿真高逼近的物理空间现状。

五、县(区)域智慧城市平台统一权限和身份认证服务

1. 身份认证系统

身份认证,即通过输入的用户名与口令与系统中存储的内容进行匹配或者通过其他加密算法对用户提供的私钥进行验证,判断一个客户是否为合法用户的过程。身份认证与权限认证是相互关联同步进行的过程,当用户通过身份认证之后,判断用户的身份对应的角色,对用户进行相应的授权,以确定用户是否拥有访问某些资源,或者以某种方式对某些资源进行访问操作的权利。

在一个完整的数字化的系统中,身份认证与权限控制是必不可少的系统。但当一个体系之中,涉及的应用系统逐渐增多之后,如果每个单独管理各自的用户数据,这种分散的用户管理模式既造成了大量用户数据的重复与浪费,也减少了对系统的统一调度与规划,降低了数据资源的利用率。因此对于县(区)域级智慧城市云平台来说,一个统一的标准化的账户管理体系是必不可少的,它也是建成县(区)域级智慧城市云平台不可缺少的重要基础设施。

一个安全高效的权限和身份认证系统,可以对整个县区域智慧城市的用户、组织、角色、机构等进行权限和统一管理。用户通过统一的入口登录后,可根据用户的身份、权限分配给用户可以登录的系统,而在这些系统之间跳转的时候,无须再次通过匹配验证来进行身份认证,可以方便用户的使用,也保证了全部系统用户数据管理的统一性、完整性。

身份认证系统主要有以下功能,如图5-5所示。

(1)用户认证。认证用户的身份,保证用户数据在不同系统间的一致性。

(2)单点登录。多个系统共享用户的认证信息,用户可自由在多个系统间切换。

(3)统一用户管理。用户数据由平台进行统一管理,单独系统只通过令牌获知身份,不会触及用户信息。

(4)会话管理。管理每个用户不同平台的访问数据,管理员随时获知和控制用户各个系统间登录情况。

(5)分级权限管理。划分用户角色和权限,用户通过换取权限来获得资源。

2. 统一权限管理系统

统一权限管理系统从结构上来看是身份认证模块、身份信息存储模块和身份管理模

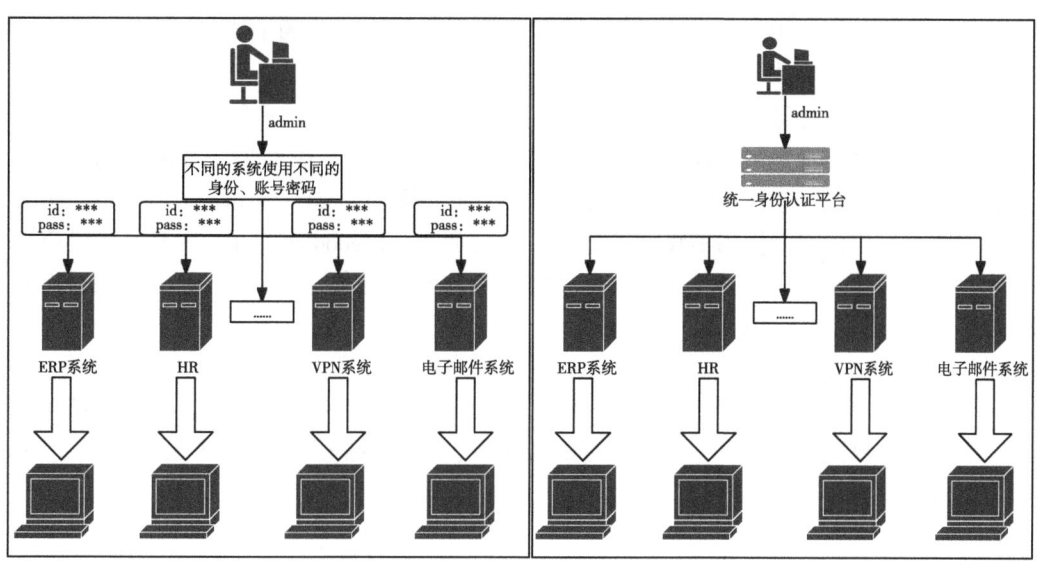

图 5-5 统一权限和身份认证系统设计

块之间相互配合，根据用户输入的用户名和口令，或者用户的私钥对用户的身份进行认证，并给予用户限时的身份令牌。当用户在不同系统中跳转时，身份认证模块通过用户所持有的令牌鉴别用户的角色，赋予用户在当前系统所能拥有的权限。身份信息存储服务模块通过关系型数据库存储身份数据、角色数据、权限数据等，然后通过身份管理模块统一管理和发放的用户身份令牌，以保证用户身份数据的一致性和有效性。身份认证平台设计如图 5-6 所示。

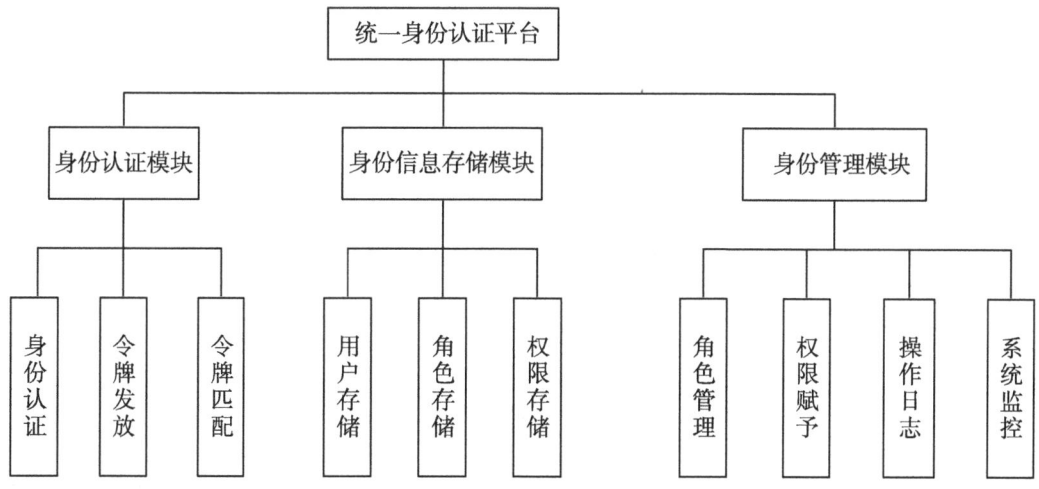

图 5-6 统一身份认证平台设计

权限管理和身份认证系统是通过用户名和口令的方式去认证用户的身份，并通过令牌的方式在不同系统间对用户身份进行审核。口令会在客户端进行加密，加密后的数据如果不经过专门系统解密，是无法还原原始数据的，保证了用户的数据安全。而服务端数据库同样只会存储用户加密后的口令，既保证了用户口令不会通过服务端数据库泄露，也可利用 MD5 加密密文的唯一性直接用来对客户端传输的加密后口令进行匹配，验证用户的身份正确性。

而统一权限与身份认证平台保证不同系统之间单点登录，用户数据一致性的身份认证方式是通过 JWT（JSON Web Token）来签发令牌实现的。JWT 是一种简洁的自包含的 JSON 声名规范，它主要由三部分构成：base64 加密的 head（头部），用来声明数据类型和加密方式，通常使用 HMAC SHA256 进行加密；base64 加密的 playload（载荷），存放 JWT 的主要数据其中包含签发者（服务器）、签发对象（用户）、签发时间、有效时间等信息，其中还会包含唯一身份标识符，即一次性 Token，来避免重放攻击；最后一部分是前两部分加密后数据和 secret 通过头部声明的加密方式进行组合加密的结果，secret 即为保存在服务器的私钥，服务器通过此 secret 来进行数据验证，最后一部分既可以用来进行数据校验，又保证了数据的安全性，保证令牌无法被别人模仿签发使用。用户登录认证流程如图 5-7 所示。

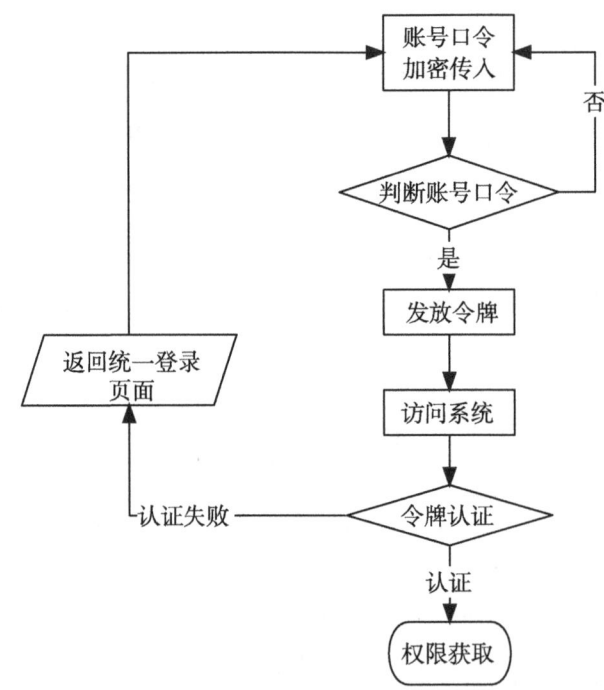

图 5-7 用户登录和令牌管理设计

用户通过用户名和口令登录统一权限与身份认证平台，该平台服务器给用户返回 Token 一个身份令牌，之后用户携带该令牌访问其他系统，其他系统会根据令牌中的用户信息，确定用户的身份以及令牌的有效性，进而分配给用户访问该系统资源的权限。

3. 身份信息存储服务模块

身份信息存储服务模块是利用关系型数据库存储用户身份，通过基于角色的访问控制来进行用户的角色和访问权限控制。此设计方案基础数据格式主要由 5 个数据表构成，包括3个属性表，即用户表、角色表、权限表，以及两个关联表，即用户角色关联表和角色权限关联表。用户表主要存储用户的身份信息、用户部分数据信息和加密后的用户口令，每一条数据都代表一个用户。角色表存储角色信息，角色即为现实中身份属性，比如在学校中老师、学生为两种角色。不同的个人身份都有多个角色信息，比如张三作为一个用户身份，在学校中为老师的角色，在家中为父亲的角色，这些用户身份与角色的对应关系存储在用户角色关联表中。权限表存储权限属性信息，每一条数据为一个权限标识，其会对应一个系统或者一个资源或者一个资源的控制权限等。每一个角色都会有固定的几种权限，比如老师的角色拥有教课的权限、批改成绩的权限等。当用户量比较大时，可以扩展数据格式，比如扩展两个表：部门表和部门与角色关联表，同一个部门中的用户用相同的角色，只需要将大量的用户与部门关联，再将该部门与多个角色关联即可，大大减少因用户数量过多导致的查询复杂。用户权限和身份信息设计如图5-8所示。

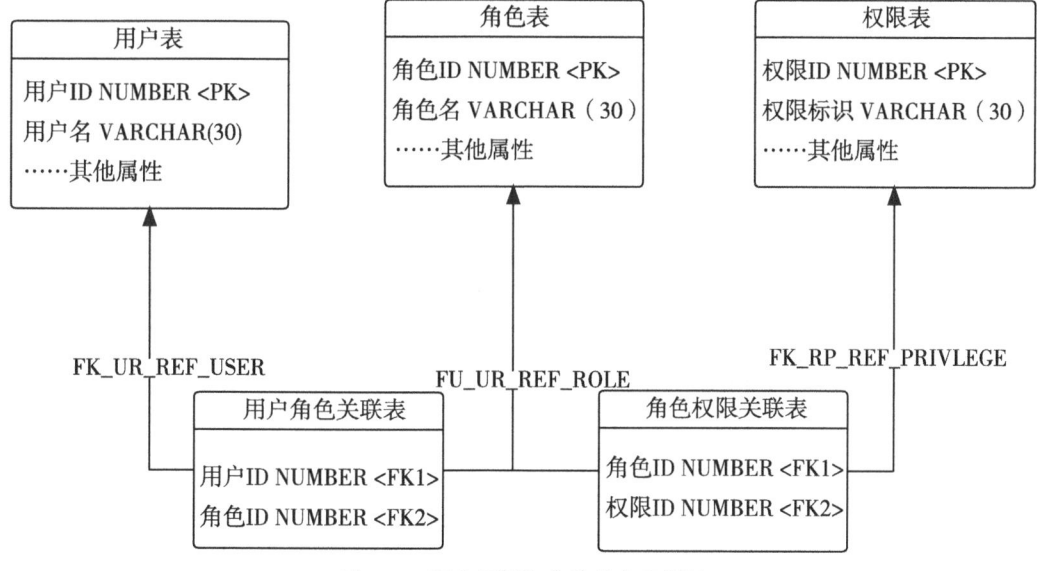

图5-8 用户权限和身份信息表设计

统一权限与身份认证系统，对于完整的云平台服务不可或缺。统一权限与身份认证平台，会给整个云平台服务带来诸多益处。

（1）方便实用。对于普通用户，实现单点登录，即一次登录之后，可以在不同平台间任意切换而不需要再次进行身份认证；对于管理员用户，只需要浏览器，在一个用户身份管理平台，即可宏观上对用户在各个系统的权限和行为进行细致的掌控。

（2）数据统一。统一权限与身份认证平台，保证了当用户使用智慧城市平台的所有子系统时，身份的一致性和实时性得以保证，避免多个系统导致的数据隔离；既可以避免因为多个系统之间数据交互问题导致的用户身份不一致，导致的用户数据大量重复，又可以保证用户数据可以得到充分利用，资源得到统一的调配和规划。

（3）权限控制。具有逻辑缜密的权限控制系统，在保证数据交互效率的前提下，可以保证每一个用户对每一种资源的每一个控制权限的细致分配。在保证方便快捷的前提下，既实现了对于权限的细致完整控制，也保证了数据交换效率在可接受的范围内。

（4）安全可靠。口令通过了不可逆的传输加密和存储加密，保证了用户口令不会在客户端和服务端泄露；令牌通过服务器的私钥进行签发校验，保证了口令不会被攻击者冒充发布；令牌具有唯一认证标识，避免了攻击者的重放攻击；完整的权限控制系统，保证了每种资源的使用安全；系统在数据的传输过程中，使用 HTTPS 的方式对数据进行加密传输，防止在数据传输过程中被监听以及被分析。

六、县（区）域智慧城市平台统一监控和告警平台

统一监控和告警平台的建设主要是实现对服务器状态进行监控，采集服务器平台的报警信息，并记录和查询平台报警和维护日志。主要需要监控的硬件环境参数包括服务器的网络性能、内存占用、CPU 消耗、硬盘资源使用和服务器端口开放等情况；而主要监控的软件情况包括服务日志异常监控、异常 IP 监控、异常访问监控等。告警主要是针对不同的监控设置不同的告警等级，进而进行不同的报警行为，对管理员或其他人员进行异常状态报警。主要的告警行为包括短信告警、邮件告警、微信告警、电话告警、App 告警等。

随着一个体系系统越来越庞大，涉及的服务越来越多，系统越来越复杂，当系统出现问题，及时地发现问题，排查定位问题，解决问题也会变得愈加困难。因此，对整个服务系统进行统一的、直观化、可视化的检测变得尤为重要。统一监控与告警平台，主要是在一个平台中对所用的系统服务运行的实时情况进行监控，以期望可以尽早地发现问题、定位问题、解决问题，提高系统的稳定性。监控和告警平台如图 5-9 所示。

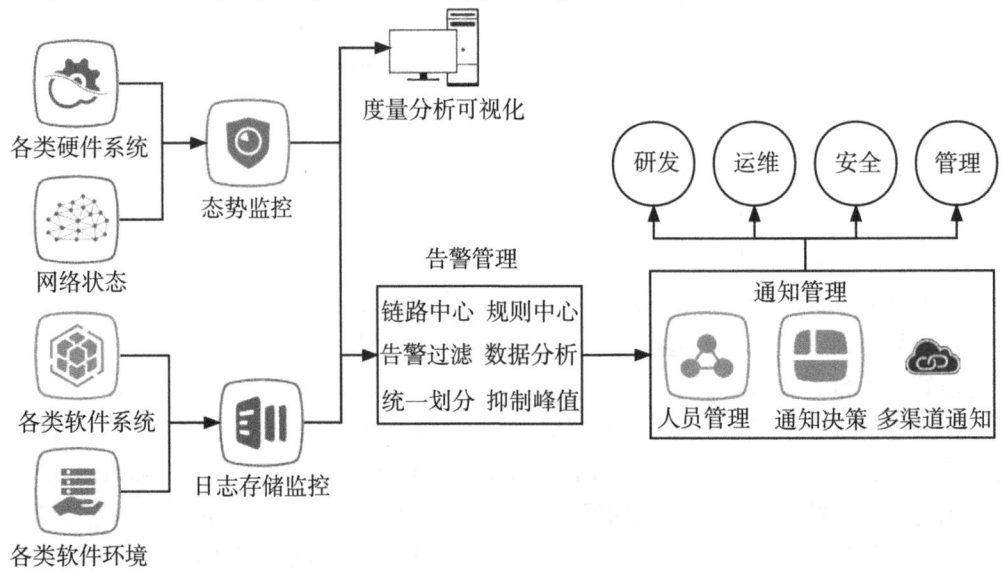

图 5-9 统一监控与告警平台设计

统一监控与告警平台可以解决很多传统的分散式告警运维系统具有的缺点。

（1）重复建设。每个系统都有自己的监控报警系统，大量重复建设造成资源浪费，并且数据孤立。后期维护升级难，可靠性低，成本高，稳定性差。

（2）监控质量差。数据孤岛造成很多数据缺项，监控很难协同，场景支持也不足。对数据管理，维护和进一步统计处理都会存在问题，不利于系统升级。

（3）告警风暴。缺少对告警数据的去重和归并的手段，导致一段时间内告警数据过多形成告警风暴。

（4）通知单一。没有告警分级和针对不同分级告警的多样化告警行为。只能简单重复地进行单一的邮件告警，不利于重要问题的及时发现和解决。

（5）耗费人力。不论是对各个分系统的监控维护，还是大量重复告警的挑选，对不存在分级的单一告警手段重复紧急查看都是极为耗费人力的事情。

统一监控与报警平台从构成上看主要包括4个子系统：服务监控系统、日志存储系统、告警管理系统、通知管理系统。其中服务监控系统主要分布在各个服务器上，监控每个服务器的硬件环境，汇总到监控服务端。将所有数据汇总统计，分析之后生成可视化报表，之后传输到统一监控与报警平台。日志存储系统，主要是用于软件运行情况的监控，汇总所有系统的日志，将其存储到 Search 中，方便对大量的数据进行梳理分析，并将所有的系统同体制分级，将其中高等级的报警实时推送到统一监控与报警平台。告警管理系统，接收所有的分服务的报警，对报警进行分级，分类型处理，将不同级别的对应到不同级别的报警处理行为，保证高级别报警可以优先处理，低级别告警可以过滤、汇总并进行分析，防止形成告警风暴。通知管理系统主要是统一链接用户管理服务和各种告警行为服务，包括短信告警、邮件告警、微信告警、电话告警、App 告警等。寻找各个报警级别对应的一个或者多个管理人员，获取其对应需求的报警行为的个人信息，如电话号、微信号、邮箱等，通过各个告警行为服务对其进行告警。监控与告警平台设计如图 5-10 所示。

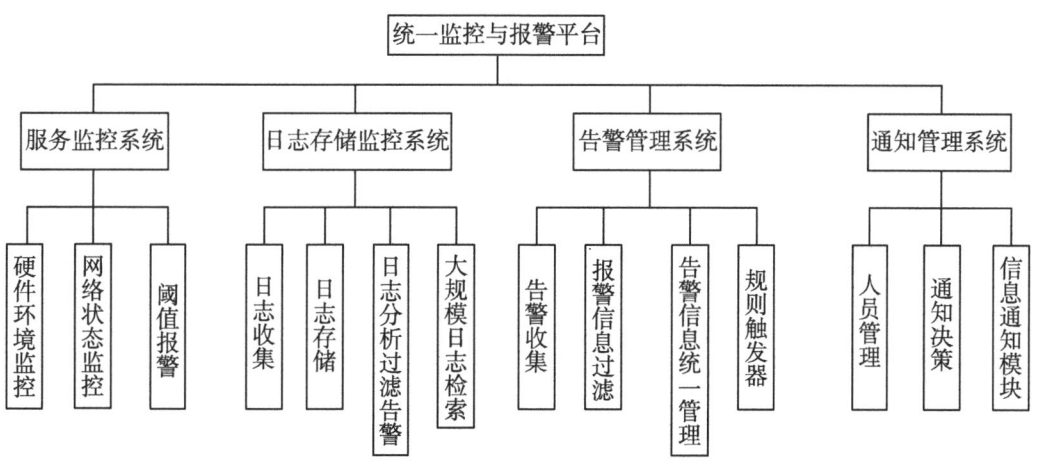

图 5-10 统一监控与告警平台功能设计

1. 服务监控系统

主要是通过 ZABBIX 对各个分服务器进行硬件监控。ZABBIX 是一种提供分布式系统监控以及网络监控功能的企业级开源解决方案，它能够监控分布式服务器的各种网络参数和硬件资源，以帮助系统管理员快速定位和解决问题。ZABBIX 服务主要由两部分构成，包括 ZABBIX server 和 ZABBIX agent。ZABBIX agent 程序安装部署于被监视服务器，用来获取被监视服务器的硬件信息。ZABBIX server 主要是汇总各个 ZABBIX agent 分布式服务的信息。ZABBIX 可以用来进行 CPU 负荷监控、内存使用监控、磁盘使用监控、网络状况监控、端口监控、日志监控。ZABBIX server 可以链接指定的数据库用来存储收集到的数据，以方便其他系统对数据使用或者其他进一步的需求。之后通过监控报警子系统设置触发器响应，当 ZABBIX 服务某项数据到达指定阈值时会触发触发器产生报警需求，将指定格式的报警数据输出至告警服务系统，再进行后续操作。

2. 日志存储系统

日志存储系统是使用 Elasticsearch 服务，进行日志数据的存储、搜索、分析和探索工作。Elasticsearch 作为一种数据存储服务模式，提供了一种分布式的全文搜索引擎，常用于大规模数据的云计算中。各种系统服务日志首先会被 Logstash 收集，通过 Logstash 将多种日志数据标准化、统一化、格式化之后转发到统一的 Elasticsearch 分布式服务进行存储。Logstash 是一个开源的服务器端数据处理管道，可以同时获取服务端多个数据源提供的数据，通过配置数据格式，将收集到的数据以统一格式向外提供。并且 Logstash 再向外传输数据的过程中，Logstash 自定义的过滤器能够自定义解析各个事件，识别自拟的标识，以进行额外操作。在此期间可以在 Logstash 过滤器过滤出需要告警的日志，将日志数据规整输出至告警管理系统，再进行后续操作。

上述两个监控与数据采集系统采集到需要的数据之后，通过 Grafana 对数据进行整合分析。Grafana 是一种开源的可视化工具，连接存储服务以收集数据，并根据需求自定义可视化展示。将 Grafana 连接至服务监控系统对应存储的 sql，和日志存储系统对应存储的 search，将所有采集到的数据汇总、整理、统计之后以可视化表格展示出来，可以更直观地看到所有服务的运行状态以及变化趋势，以辅助管理员尽早地发现问题、定位问题、解决问题，并提前解决服务存在的隐患。日志管理系统如图 5-11 所示。

3. 告警管理系统

主要是接收不同数据源的各类报警信息。将各类数据源告警统一数据格式，将不同的告警在同一框架下分级，分为不同的报警级别和不同的报警类型。之后过滤多余数据，或者将零散的同级报警合并，减少数据峰值。将报警数据以及报警等级分发至通知管理系统，进一步通过不同的通知渠道通知到目标管理员。告警管理系统还存在丰富完

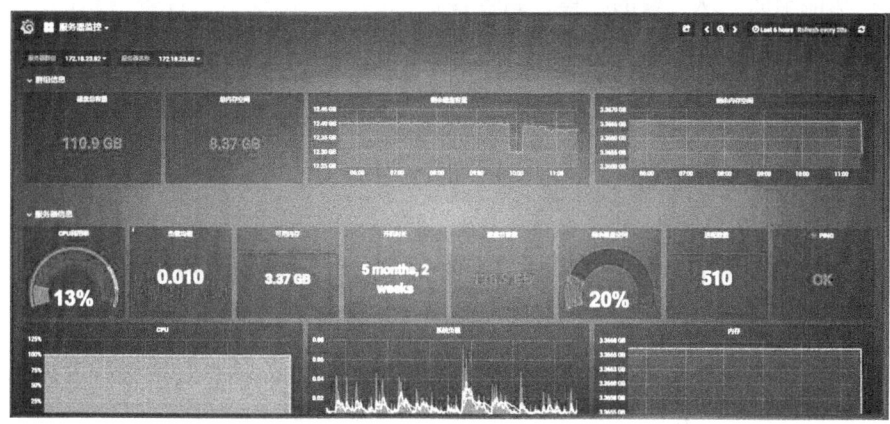

图 5-11 日志管理系统数据展示页

善的规则系统,当指定数据源在指定时间段内达到指定阈值,会触发对应物理层管理规则,越过管理员主动触发对应的脚本或者程序,主动控制物理层的设备。规则系统主要适用于具有高度的危险性的告警或者需要及时操作,频繁操作告警,减少管理员负担,增加系统的人性化和智能化,增加系统的稳定性。

4. 通知管理系统

主要用于告警通知管理。通知管理系统除关联了完善的管理员信息数据库之外,还集成了大量的告警信息通知模块,包括短信告警、邮件告警、微信告警、电话告警、App 告警等。在接收到告警管理系统规划好告警等级,告警分类和标准格式的告警信息之后,根据告警等级,告警分类匹配到数据库中和对应的管理员对应的告警通知需要的目标地址,比如邮箱地址等。之后将对应的标准格式的告警信息通过相应的告警通知模块,推送到对应的告警通知目标地址完成告警。通知管理系统还集成了完善的人员值班系统,可以在合适的时间找到合适的管理人员。还具有完善的告警规则,可以设定无反馈持续间隔通知,并向其他代理管理员通知等行为规则,以确保告警信息能够及时处理。

县(区)域统一监控与告警平台,对于县(区)域智慧城市系统的稳定运行是不可或缺的,它相对于传统的分散式的告警方式会给县(区)域智慧城市系统带来诸多优势。

(1)一站式。所用告警服务,全部都集成在一个系统,通知和管理均可在同一个系统中配置完成。

(2)稳定可靠。统一监控与告警平台具有严密的设计逻辑和诸多规避数据风暴过滤措施,相比传统的在系统中附带的分散式的告警模块稳定可靠。

(3)成本低。相对于传统的告警模块形式,统一监控与告警平台规避了大量的重复建设内容,以避免了后期数据收集整合,减少大量的资源成本。而且统一监控与告警平台也大大降低了管理人员需求,减少了人力成本。

(4) 功能全面。从告警的收集，到告警信息的图形化展示，告警信息的统一化处理，告警数据多样化通知，各个子系统相较于传统的分散式的告警模块功能都更为全面。

(5) 易于维护。升级维护都只需在一个服务器中即可完成。告警数据也都以统一的格式存储在数据库和 search 中，为数据的进一步利用提供了便利。

七、县（区）域智慧城市平台数据融合集成支撑平台

数据融合本质上指的是对获取到的多种原始数据信息在一定的准则之下统筹分析、综合，然后更好地加以利用，辅助人员的决策、评估等进一步任务的信息处理技术。数据融合的概念来源于战场，将战场采集到的多种原始数据资源综合分析，利用辅助士兵执行包括侦察、监视、预报、电子对抗、飞行器驾驶等多种任务。其有效性得到充分证明，并逐渐推广到其他领域。数据融合技术，包括对各类分布式数据源给出的各类有效信息进行采集、传输、过滤、存储以及综合运用全部流程。它可以通过表面上互不关联的、样式繁杂的原始数据，提取出对人们有效的辅助信息，帮助人们进行判断、决策、评估、验证、规划、诊断等。从整体上来说，数据融合集成支撑平台主要包括3个模块建设，即数据资源库、数据分析系统、数据应用共享系统。集成平台设计如图5-12所示。

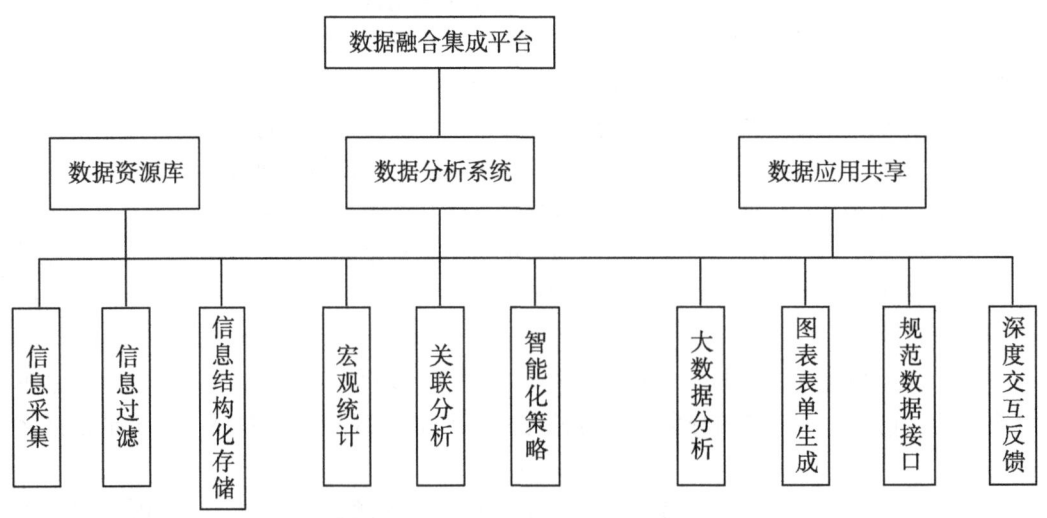

图 5-12 数据融合集成平台设计

1. 数据资源库

数据资源库主要范围包括从采集到传输过滤再到数据规整最后数据存储的全流程建设。信息采集本质上是将大量的来自分散化存储的或者原始的物理传感器的非结构化的

数据，从原始的数据源中抽取出来，通过特殊的中间件过滤和法规范化之后，存储到标准的结构化数据库中的过程。

本系统的数据采集主要通过数据采集接口和数据传输中间件两种方式进行采集。数据采集接口主要是对外提供数据采集接口，可以接受丰富多样的原始数据类型，通过主动上传的方式上传至数据存储中心。数据传输中间件主要是在网络通路中主动拦截接收数据信息，并将这些杂乱多样的原始数据上传至数据存储中心。数据存储中心在接收到大量的非结构化原始数据之后，通过机器学习训练的模型对原始数据的有效性加以过滤，给予不同类型的数据标签，根据数据标签最后统一存储进数据资源库中，最终形成本平台完整的数据资源库建设。

2. 数据分析系统

数据分析系统主要是对多种类型结构化的数据深入挖掘，发现多源数据之间的底层关联性，综合分析大量、多样、复杂的数据，针对不同的场景，对这些原始数据进行不同策略使用，最终提出针对性的辅助方案，协助人员对不同行业进行管理。本系统的数据分析主要是通过专家系统进行的，专家系统本质上是一个智能计算机系统，其系统处理逻辑含有大量的某个领域专家的知识水平和经验，能够利用人类专家的知识和解决问题的方法来辅助处理某个领域的问题。数据分析系统利用数据资源库中提供的大量丰富多样的规范数据，针对不同行业的现状，提取出相关联的数据信息，结合专家丰富的处理经验，最终辅助管理人员进行决策判断。

3. 数据应用共享系统

数据应用共享系统是整个平台公共的对外数据分享中心，它会提供多样化的数据分享方式，帮助不同场景、不同类型管理人员和开发人员充分利用该平台的数据和分析结果，充分体现和挖掘该平台和各类数据的价值。该系统提供大量的、功能丰富的、规范的数据接口，以辅助开发人员二次开发，或者支持其他平台和系统的假设和使用。该系统会对数据库中存储的数据形成多样化的大数据分析。根据使用者的需求设定，利用数据资源库中的大规模数据形成各种类型的表格和表单，或者根据需求自动生成各种类型总览图表，以可视化的方式展示各种类型的数据的宏观分析，利于管理人员的统筹规划。该系统也可以与管理人员深度交互，依靠轻量化的平台实现，保证实时根据管理人员的请求，进行数据分析的反馈，辅助人员对各行各业、各类场景的实际问题处理。公共信息资源社会开放率=已开放的公共信息资源类别数量/需要开放的公共信息资源类别总数。需要开放的公共信息资源类别包括信用服务、医疗卫生、社保就业、公共安全、城建住房、交通运输、教育文化、科技创新、资源能源、生态环境、工业农业、商贸流通、财税金融、安全生产、市场监管、社会救助、法律服务、生活服务、气象服务、地理空间、地名地址、机构团体等[26]。

八、城阳区平台层使用现状和规划建议

1. 城阳区平台层建设现状

目前城阳区各级单位均有自己的信息化平台或系统,少的有 2~3 个,多的超过 30 个,其中既有国家部委司局、又有省市业务部门开发并要求使用的系统,系统数量越来越多,且部分系统之间存在功能相似的问题,在日常工作中,同一个基层工作人员可能要使用多套系统,并且存在重复录入的情况,影响工作效率。特别是政务服务方面,一方面是老百姓办事,真正能够全流程网上办事的事项比较少,"零跑腿"和"只跑一次腿"的事项占比并不高,办事人仍需到行政服务大厅办理。在行政服务大厅,虽已设置多个综合窗口,但根据实际运作的情况,并未真正发挥综合窗口的作用,还无法做到统一受理、统一分拨、统一督办。另一方面由于全市统一的政务审批系统与各专网系统不融合,同一个审批事项,工作人员需要在审批系统和专网系统中重复录入,影响了便民服务效率。

2. 城阳区平台层规划建议

(1) 推进大数据基础平台建设。构建城阳区协同高效、智能安全、灵活统一的大数据管理平台,实现各领域、各层级的数据融合与共享,全面支撑智慧城阳相关应用建设。一是构建多元化的数据采集体系,构建包含数据共享应用平台、互联网数据爬取、物联网数据汇聚、社会公共服务数据汇聚业务、数据填报系统、自主填报数据系统和社会数据采集的多元化数据采集体系,覆盖政府内部与政府外部、线上与线下等多种数据资源,为智慧城阳提供数据保障。二是构建数据共享应用平台,建立全区统一数据共享应用平台,对接青岛市公共数据资源共享应用平台,实现全区各部门的信息共享。纵向实现对市—区—街道的三级数据交换共享,横向打通各部门间的数据藩篱,解决当前城阳区应用系统封闭式建设、系统烟囱式运行、不同行业和政府部门之间的互联互通和资源共享难等问题。三是构建数据资源平台对城区政务信息资源、物联网感知信息资源、互联网信息资源进行抽取整合,构建城阳区数据资源平台。以青岛市人口库、法人库、地理空间库、电子证照库为基础,建立城阳市级基础库镜像,整合全区各职能部门与企业经营的基础信息数据,建立和扩展城阳区统一的人口库、企业库、地理信息库、房屋库等。

(2) 搭建全区公共资源共享平台。将共享经济的概念引入公共服务中,搭建区域共享平台,将区域内公共资源利用共享平台,对全社会开放,扩大资源的使用价值。同时,平台对社会开放,企业或居民可以在平台上提交可提供的共享资源与需求的共享资源。建设公共资源共享平台,促进融合跨界发展,整合全区包括艺术馆、民俗馆、科研

机构、高校院所、街道、社区文化站、基层服务点等文化资源，实现向公众提供文体场馆预约、活动订票、公益讲座、演出直播等服务，开创线上线下互动的服务模式。推动数字化、智能化文体设施建设，为辖区市民提供生动有趣、富有特色的智能文化设施服务。

第六章

县（区）域智慧城市应用层设计与规划

一、县（区）域智慧城市应用层设计规划概述

1. 县（区）域智慧城市应用层概述

本章所介绍的县（区）域智慧城市的分层参照物联网结构，其中最顶层是应用层。感知和基础设施这一层，作为物联网结构中的最底层，主要用于获取和收集后续系统中需要用到的信息，而最顶层的应用层就相应地负责处理和应用这些信息。物联网架构的核心组成部分就是感知层和应用层，共同突显了物联网技术的特征，也就是数据感知全面、数据传输可靠、数据处理智能。感知层和应用层具有强关联的特点，在获取和利用数据中存在着因果关系。县（区）域智慧城市系统应用层要处理的核心问题是应用，该部分要实现的最终目的是对身边的物体进行控制、管理以及决策。如果只处理这一部分的数据是不太足够的，应该把处理之后的各种数据正确地与实际要处理的事务从具体水平相关进行关联，通过将数据具体化的内容和各自具体的工作内容相结合，并且有必要实现数据和业务的最终结合。

以电力抄表为例，在智能电网中，无须通过人工抄表来获取用户用电信息，而是通过物联网中的传感器获取信息。安装在用户电表上的智能读表器在用户用电后读取用电信息，通过传感器采集后，按照预先设定的时间点汇总并通过网络（以太网、无线网）发送至电力机构的处理中心服务器，根据设置的展示规则，在页面上以表格或图表的形式进行展示，这里的页面和展示就是应用层的工作，通过对用户的用电信息进行分析和处理后，根据所得到的数据进行数据拟合、管理层决策，从而制定相应详细的用户用电收费方法。

根据前一章平台层的描述和功能，平台层将分散的小范围的信息化和物联网的数据能力资源集中到公共服务资源群，形成统一的公共服务支持体系，全面支持各种县（区）域层面智能城市建设具体应用的共同需求。

在此基础上对县（区）域智慧城市的体系进行延伸，应用层主要负责在平台层提供的支撑体系和资源群的基础上进行针对性的具象化和应用，其中应用系统涵盖了许多的实际应用和实际的政务和民生体系，如县（区）域智慧政务、县（区）域智慧交通、县（区）域智慧能源、县（区）域智慧警务、县（区）域智慧工地、县（区）域智慧

园区、县（区）域智慧医院、县（区）域智慧校园、县（区）域智慧城管、县（区）域智慧停车等不同的场景应用。应用层通过调用平台层提供的接口、数据等封装好的公用能力进行具有针对性的前端展示平台建设，为智慧城市系统的使用者提供人性化的服务，将所有的数据分门别类地展示出来，并提供简洁以及直白的操作以便用户浏览和调控，以方便使用者对系统中的物体进行了解和管理，更进一步通过数据的展示和查询等服务，为人民用户、企业级用户、城市管理决策者等开发出整体的全面信息化的服务和产品。

县（区）域智慧城市应用层的建设方向，与市一级的智慧城市建设方向不同，主要以更贴近群众生活、更熟悉业务、更多系统整合、更多信息普及为目标，更加细节和全面地与居民生活接轨，将智慧城市送到群众身边。针对决策制定者和政府工作人员来说，县（区）域智慧城市与市级智慧城市的建设最大的不同在于其细致程度更高，更细节的服务和政务处理，更细微的调控和资源管理，都是县（区）域智慧城市区别于市级智慧城市的特点。

在县（区）域智慧城市应用层的展示方向上，主要负责将更细微的分系统进行整合，具体可以街道、小区为单位，将所得到的信息和数据进行整合，从而达到更为细致的控制和管理，这是县（区）域智慧城市和市级智慧城市的区别，也是县（区）域智慧城市应用层构建的难点。

县（区）域智慧城市作为政府系统中较为接近基层的系统，所得到的信息较市级更少，相对而言更加细致和琐碎，因此如何处理这些信息就是县（区）域智慧城市处理数据的难点。从感知和基础设施层得到的数据通过数据层传输和平台层整理后，形成较为细致的系统，应用层主要负责将数据分门别类展示给使用者，因此在使用这些封装好的数据时，需要根据使用者的身份进行针对性的展示（即权限管理），而不是全部展示。同时，在系统首页等展示部分，需要对信息的重要性进行区分，将更为重要和紧急的信息展示给使用者。这些就需要根据决策制定者、政策参与者、普通民众的身份进行区分，将数据综合、历史数据比较等更为机密和概括的数据展示给决策制定者，将数据的历史信息和当前状态等展示给政策参与者进行具体的操作，面向民众则更多的提供咨询和业务办理等服务。

2. 县（区）域智慧城市应用层总体规划

针对上面提到的智慧城市的特点，主要对县（区）域智慧城市应用层进行以下设计和规划。

首先，针对服务提供者内部。

打造县（区）域智慧城市运行监控中心，通过数据挖掘和分析，将数据层、平台层传输的数据动态显示，以状态运行监测为中心，社区、街道作为横向展开，模块、服务作为纵向展开，数据共享，业务互联，为决策者提供统一的观察切口，作为其决策和部署的一致性平台。具体形式以中心大厅、部门监测平台、领导决策平台等作为展开，针对不同职位和高度的需求，进行有选择的信息投放，提高监测和决策效率。

集成县（区）域城市政务服务办理，建设统一业务处理平台，将烦琐、分散的流程集中起来，推广就近办理模式，减少办事部门驻扎，增加办事点和受理点，增加网上办事点，采取前台统一受理，后台分发办理的模式，减少群众业务办理时间，降低群众办理业务的难度，有效提高政府服务中群众业务办理的效率。对部分人群和部分业务提供专门窗口，如残疾人、工商审理等，能进行网络办理的就采取网络办理，结合证明文件邮寄、快送等方式，最大程度服务民众。提高数据共享和电子证照使用率，减少业务办理人取用证件的时间。

集成县（区）域城市公共资源管理配置，整合通过大数据和云得到的数据和分析，利用平台和应用进行具象化的展示，分部门、分片区地进行展示，针对不同的级别和负责方向进行针对性的提示和高亮展示，提高资源配置的重要性，将资源最大程度地利用在最需要的地方，具体可以采取分时分区资源供应的方式，通过宏观调控减少资源浪费，提高资源利用率。

针对特殊的资源管理和利用，结合使用方式进行特殊的资源开放和利用，打造对应的县（区）域智慧城市应用子平台，提高办事效率。如公安、城建、市场监管等。以公安为例，需要运用到的主要有辖区内的人员信息、网络上的通缉人员信息、辖区内的社区和人员分布、监控视频的调取等信息，作为侦查工作的需求，利用子平台的不同模块的整合，调度、查阅信息不需要更换平台，减少时间浪费，提高效率；同时针对接待群众报案、咨询等业务，作为智慧化的公安体系，需要开发打造一个对应的开放窗口，用于网上咨询和应急通道，开放视频通话窗口，让群众能及时、有效地进行信息传递，必要时还可以与其他部门联动，跨子平台合作，快速定位群众位置，方便出警。

其次，针对接受服务的群体。

提供县（区）域智慧城市一站式网上平台，添加政务处理和资源窗口，增加群众接触政府服务的渠道，通过一站式平台的不同模块，进行相应的处理。如政务处理模块，整合不同领域的政务服务，可以不用切换平台就办理完成所有业务，提供自然人查询，针对使用者的身份开通相应的渠道，如电子证照查询，电子证明查询等。如资源模块，提供电子充值，网上缴费，进行生活中水电气的充值缴费，提高生活幸福感。如新闻模块，提供政府非涉密公文及通知提醒，同时联通新闻、娱乐，通过大数据和身份验证，提高推送针对性，将使用者关心、与使用者相关的信息推送至平台，送到使用者身边。

针对使用率高的县（区）域智慧城市应用，设置相应的子系统平台，通过大数据和平台整合，经统一平台入口进入。如公共交通，对公共交通提供相应的查询和实时预报，提高出行效率，减少等待时间；提高电子支付比例，减少站点停靠时间，提高公共交通流转效率。如智慧医疗，对持有证照的医疗企业和事业单位进行统一管理和推送，针对不同的病症和严重程度推荐相应的医院或基础诊疗单位，实现人员分流，提高医疗资源利用率。

根据山东省地方标准的要求，数字惠民方面需要达到一定的电子证照使用率、公共交通来车实时预报率、智能照明设备安装率、智慧校园覆盖率、政务服务类App应用、医院智慧服务水平、路口实时信号配时系统比例、公共交通电子支付使用率、家庭能源自动化采集覆盖率均达到一定标准作为最终的评级要求。同时，建设数字政府方面，要求环境质量监测水平、公共信息资源社会开放水平、建筑用能分项计量应用水平等均达到一定标准。数字经济方向，软件业务收入占比、企业上云规模、园区建设数量、电子商务交易额占比等均达到一定标准。基础设施方面，要求家庭光纤入户覆盖率、移动通信网络平均下载速率、公共安全视频图像支撑打击犯罪贡献率、公共安全视频图像应用服务政府其他职能部门的个数、城市重点公共区域高清视频监控覆盖率、视频监控摄像机完好率、城市重点公共区域视频监控联网率、电子警察监控点覆盖率等均达到一定标准[26]。

参考以上执行标准及规范，以及现行其他区域的智慧城市框架，大致将县（区）域智慧城市应用层的系统分为两个模块，具体分类如表6-1所示。

公共管理：主要包括县（区）域智慧政务、县（区）域智慧交通、县（区）域智慧城管、县（区）域智慧能源、县（区）应急灾备、县（区）环境监测等系统，作为政府直接管理和控制的系统，主要面向政府内部工作人员，仅将少数咨询和业务办理开放给民众进行使用。

社会服务：县（区）域智慧工地、县（区）域智慧医院、县（区）域智慧停车、县（区）智慧校园、县（区）智慧园区等系统，作为为社会服务的系统，更为贴近民众生活，主要由比较大的企业或者运营体进行管理，面向社会民众提供服务。

表6-1 智慧城市应用层主要组成部分

项目	公共管理		社会服务	
内容	智慧政务	智慧交通	智慧工地	智慧校园
	智慧城管	智慧能源	智慧园区	智慧医院
	智慧警务	应急灾备	智慧矿山	智慧楼宇
	环境监测	……	智慧停车	……

二、县（区）域智慧城市应用层部分系统介绍

本节主要根据本章第一节中提出的县（区）域智慧城市应用系统进行简要介绍，以县（区）域智慧政务、县（区）域智慧交通、县（区）域智慧城管、县（区）域智慧能源、县（区）域智慧警务、县（区）域智慧工地、县（区）域智慧校园、县（区）域智慧园区、县（区）域智慧医院、县（区）域智慧停车为例，展开进行介绍。

（一）县（区）域智慧政务应用

县（区）域智慧城市的应用系统最主要的特点是不考虑距离的限制，而是将能够线上处理的事物协调放在线上进行处理，从而提高办事效率，以免办事人员反复将时间花在路上，减少不必要的时间浪费。目前来看县（区）域政务智慧化在应用层面最主要的困难集中在：政务处理的事务整体复杂且琐碎，对于整体的规划和整理不利；同

时，将所有面向民众的政务申请和咨询整理成一个完整的体系，并且足够简洁、便利，以方便进行咨询和申请的民众进行线上操作也是一个不小的挑战。在线上咨询和申请的时候需要对人员进行身份验证，对人员的权限进行认证，以避免不够资质的人员进行申请或者资质不够的工作人员越级操作，并且通过统一的安全保障体系进行管理，避免信息泄露。另外，针对不能进行线上办理或者部分需要进行线下办理的事务，提供给民众足够的咨询权限和线下办理渠道，减少民众办理业务时空跑的概率，提高办事效率。

1. 系统建设内容

（1）行业痛点。①信息孤岛。各政务系统间信息不能共享，数据标准不统一。②资源利用率低下。各类申请和业务办理耗时长、业务点分散、办业务时间长以及业务人员效率不高。③业务整理困难。各类业务复杂琐碎，难以形成整体的规划和整理。④业务办理困难。业务流程复杂，没有统一门户进行咨询和引导。

（2）建设目标。根据以上的问题和目标，将县（区）域智慧城市智慧政务系统主要分为两部分。

一是针对政府工作人员内部，集成政务服务办理，建设统一业务处理平台，将烦琐、分散的流程集中起来，增加网上办事点，采取前台统一受理，后台分发办理的模式，降低业务办理难度和群众在办理业务上的时间成本，提高业务办理效率。对部分人群和部分业务提供专门窗口，如残疾人、工商审理等，能进行网络办理的就采取网络办理，结合证明文件邮寄、快送等方式，最大限度服务民众。提高数据共享和电子证照使用率，减少业务办理人取用证件的时间。

二是针对居民，通过整合不同领域的政务服务，提供多模块简洁操作的县（区）域智慧城市子平台。例如，提供自然人查询，通过系统查询反馈电子证照查询、电子证明查询等信息；证件办理和咨询，除了提供流程化的线上证件办理和邮寄等服务之外，还针对不熟悉流程和需要的用户，提供咨询服务，将大部分重复的问题和答案交给人工智能，减少人力成本，少部分问题棘手或表达不清楚、不方便的问题引流给人工服务，提高办事效率。其他政务服务视具体情况开发线上办理和咨询窗口，减少线下办理的数量，方便居民办理业务、提高效率的同时，减少人员直接接触，有利于降低疫情防控和降低线下场地成本。各级服务中心在线上进行业务办理，并通过政务系统将业务进行整理，分发传送至后台进行办理，同时定期对业务进行整理上传，以及业务和政策下发，对于本级不能处理的业务，统一通过政务系统进行上传或下发，及时办理，及时反馈。

2. 系统简介

（1）系统架构。县（区）域智慧政务系统架构如图6-1所示。

社区服务中心作为县（区）域最基层的政务服务中心，负责最基层的政务办理和查询，为民众提供最便捷的政务查询和业务办理查询，同时进行最基础的业务办理。将在线上平台提交的业务申请以及在线下窗口提交的业务申请提交到系统进行系统处理和业务分发，提交给不同的后台业务人员进行办理，提高办事效率。社区服务中心的系统中保存所管理区域内最基础的民众信息，同时定期将所办理的业务进行上传，获取上层政策，并根据上层街道服务中心的业务办理情况进行更新。社区服务中心之间进行定期

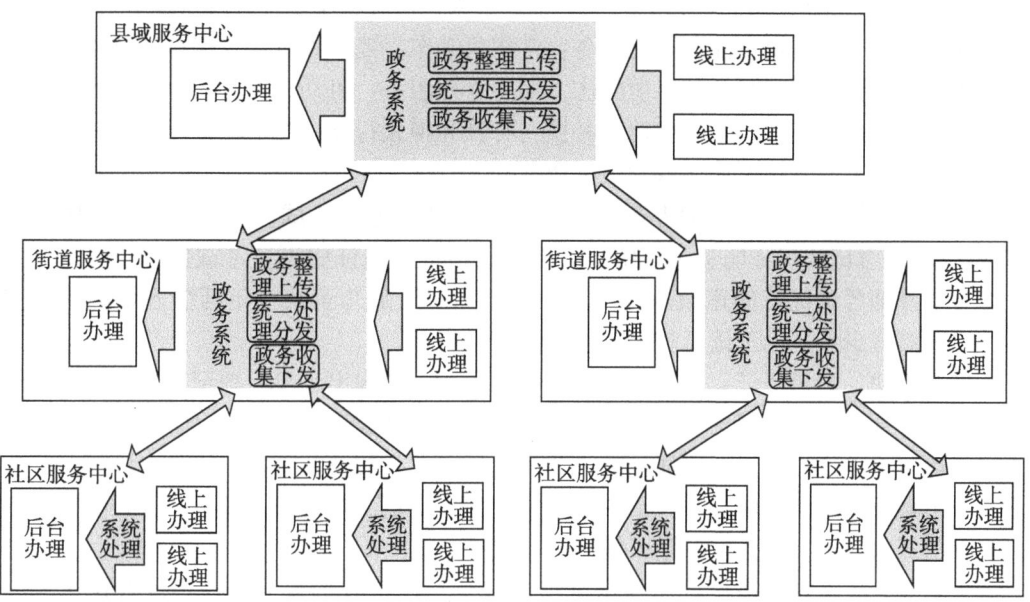

图 6-1 县（区）域智慧政务系统架构

的相互通信，将部分可以异地办理的业务进行异地办理，减少民众花费在路上的时间。同时为民众提供咨询服务，为民众提供所需要的表格、流程等。

街道服务中心作为社区服务中心的上层政务服务中心，在办理一些社区服务中心不能处理的业务的同时，负责将社区服务中心提交的业务进行整理，及时检查和汇总，并对业务进行归档保存。街道服务中心定期进行业务审核，将部分可以下放的业务交给社区服务中心进行办理。同时，街道服务中心将所办理的业务进行整理和上传，提交给县（区）域服务中心进行审核和存档。

县（区）域智慧城市政务服务中心，解决和存档所有办理的业务，并且负责将所得到的数据提交给市一级系统进行审核。通过对登入人员的身份验证进行相关权限的开放，如对业务办理人员仅开放业务办理和个人的信息查询服务，在线上咨询和申请的时候对人员身份进行验证；对工作人员开放相关权限，对工作人员的权限进行认证，以避免不够资质的人员进行申请或者资质不够的工作人员越级操作。同时通过统一的安全保障体系进行资料和业务信息管理，避免信息泄露。

（2）功能介绍。个人办事模块。该模块以个人网上业务办理为主，主要分为以下几个部分。

社保板块。主要包含失业保险、医疗保险、社保卡服务等三类业务的办理。其中社保卡服务包括个人申领、临时挂失和正式挂失；医疗保险服务包括参保人员异地就医备案和转外就医备案；失业保险服务包含失业保险关系接续申请、失业人员临时生活补贴和失业保险金申领。

公积金板块。公积金提取服务包含地方公积金管理中心常见的服务，主要包括租赁、购买自住住房提取服务；住房公积金贷款业务有。贷款申请（购买新建住房、购买二手住房)、贷款合同变更；账户服务有。个人住房公积金账户转移等服务。

驾驶人、车辆板块。注册登记服务：常规机动车、残疾人机动轮椅车和电动自行车的注册登记、免检机动车申请纸质标志。信息管理服务：机动车所有人和驾驶人的联系方式和住址变更备案等。证件申请和补换：补领和换领行驶证与驾驶证业务、转入或换领驾驶证业务以及延期更换领取驾驶证业务等。

教育就业板块。考试证明办理：包含全国计算机等级考试、自学考试、全国英语四/六级等级考试成绩证明、全国中小学教师资格证成绩证明等。考试优待：对符合条件的考生参加考试优待的审批服务。其他服务：对适龄儿童及少年延缓入学的审批服务、对适龄青少年送入工读学校接受教育的审批服务。

户籍板块。户口登记：居民户口簿的申补换领、国内出生户口登记、国外出生户口登记。户口迁入：投靠落户、收养登记落户、学生迁入落户、港澳台及华侨定居落户、人才引进落户。户口迁出：应届学生毕业户口迁出、投靠及其他迁出。户口注销：死亡注销和出境及国籍变更注销；户口变更：户主发生变更、户口状态变更、服兵役情况变更（期满或退役等）、服务处所（服务点）变更。

身份证板块。包括身份证所在地派出所等相关信息查询业务、身份证首次申领业务、临时身份证申领业务、身份证补领与换领业务、身份证挂失申报业务等。

婚姻生育板块。婚姻：婚姻状况变更。生育：生育登记、手术并发症鉴定、生育审批等。

法人办事模块。法人办事模块主要提供为企业服务的事项申请及办理，包括以下板块。

设立变更板块。设立及变更单位审批、单位变更部分登记事项备案；水运机电工程监理资质许可事项变更；以及港澳台投资者在内地投资的演出场所经营单位的变更与审批、举办涉外或港澳台的文艺表演团体或者个人参加的营业性演出变更审批等。

准营准办板块。特种行业许可证核实与发放、肥料及农药生产许可（设立与延续）、饲草草种生产经营许可、饲料添加剂生产企业（含添加剂预混合饲料生产企业）审批、农村公益性墓地建立审批、地质灾害治理工程勘察设计（施工监理单位）资质审核与批准（新申请、资质延续、资质升级）、公开募捐资格审核与批准、高致病性动物病原微生物实验活动审批、殡仪馆与火葬场的建立审批等。

资质认证板块。房地产估价机构（备案、变更）、房地产开发企业资质核定（注销、变更）、天然气安装或维修企业资质核准、建筑行业企业资质认定（延续、重核）、水利工程质量检测单位资质申请、承接境外的电影加工或者制作（洗印）等业务备案、新闻单位设立驻地方机构审批、建筑施工行业企业安全生产许可证的核准和发放（新申请、延期、重申请、变更、增补）等。

年检年审板块。游艺娱乐场所变更审批、文物保护工程监理资质单位年检、民用爆炸物品销售许可证年检、新闻记者证年度核验、包装装潢和其他印刷品印制企业年度核验、社会团体年度检查（不具有慈善组织属性）、社会团体年度工作报告（已取得公募资格的慈善组织）、出版物印刷企业年度核验、客运车辆年审，以及音像和电子出版物复制单位年度核验等。

社会保障板块。住院费和门诊费的报销服务、支付履行计划生育医疗费用、工伤人员托管登记、支付生育医疗费用、特殊工种提前退休核准、劳动能力鉴定申请、参保个人应缴社会保险费的核定、企业年金方案终止备案、机关事业单位养老保险的参保登记、高级职称人员关于增加退休养老金待遇资格的确认、营利性养老机构运营补助等。

政策通达模块。该模块主要以向办事民众普及上级政策为主,通过各部门的事务办理,在个人办理及法人办理两个大板块里划分出细致的板块,将最近的政策变更简要地表述出来。

3. 系统带来的效益

县(区)域行政审批局将形成上下联动、层次清晰、覆盖街办、同城一体的政务服务体系,搭建包含咨询与申报、受理与审批、政务公开与行政管理、执法监管、行政协调、投诉与监督和内部办公自动化系统在内的综合服务平台,促进行政审批体制改革,为社会公众提供优质服务,成为展示服务型政府形象的窗口。

县(区)域智慧政务应用系统可以优化业务办理环节,进行业务办理环节切分,将全部流程具体到个人或具体部门,业务办理人员可以在网上进行实时查询,减少无效等待的同时,可以定期对业务办理的时间进行分析,提高效率,优化结构。通过统一的政务服务系统,将琐碎复杂的政务办理进行细致合理的划分,实现业务办理简洁化,同时开通线上办理渠道,减少人员耗费在路上的时间,并且有效避免业务办理部门互相推诿,提高办事效率。业务办理的工作人员在线上进行工作,及时和办理人进行联系,减少等待时间。

县(区)域智慧政务应用系统通过统一的门户网站办理业务,避免业务办理人员找不到路径,线上咨询提供业务办理所需清单,将大部分重复的问题和答案交给人工智能,减少人力成本,少部分棘手问题或表达不清楚不方便的问题引流给人工服务,提高办事效率。同时,减少人员直接接触,有利于疫情防控和降低线下场地成本。

(二) 县(区)域智慧交通应用

县(区)域智慧交通应用主要从人、车、路3个方向考虑,采用GPS/北斗定位技术、地图导航技术、电子感知(传感)技术、数据处理技术,结合交通工程专业背景指导,形成统一管理、整体调动的智慧交通管理体系,将人、车、路三者综合考虑,有效联动,提高交通管理效率,确保交管工作正常开展。

1. 系统建设内容

(1)行业痛点。在ICT技术(信息通信技术)赋能社会实体经济稳步增长的时代背景下,县(区)域城镇化水平也在不断提高,县、区市民的私家车保有量增长迅速,目前普遍存在车辆过多、规划不全面不完善导致的交通拥堵,以及随之而来的交通事故救援、环境污染、交管措施不足方面的问题,对于县(区)城市发展非常不利。一是城市交通中车辆、涉及人员等流量大,相关数据信息更新快,想要进行全局监管较为困难。二是保障交通安全需要对天气、地理信息等多项信息作出及时的应急反馈和处理,但多系统信息之间相互独立,互通成本高,对其进行统筹管理也比较困难。三是交通所涉及的领域较广,突发状况十分多样。针对不同突发状况进行应急处理响应较为困难。

（2）建设目标。根据以上的问题和目标，将县（区）域智慧城市智慧交通应用系统主要分为两部分。

针对县（区）域交通管理部门内部，通过和 GIS 地图、城管等的结合，在交管大厅内部署一套完整详尽的交通管理系统，主要页面展示整体交通情况和部分重点路段的状况，方便监控人员实时查看路况；点击地图具体位置跳转相应路口或路段情况，结合对讲、电话等手段协调调度交通警察进行具体管理。与此同时，具体的子平台打造后勤管理部门模块，通过基于 BIM+GIS 的交通设施全生命周期可视化管理系统，查看具体的交管物品的摆放、存储，并进行管理，减少不必要的路程；同时进行智慧化的路灯计时，经过大数据的处理，智能化的选择时段、路段、节假日等特殊时间，采取对应的路灯计时长度，智能化管理。通过在公共交通上安装的定位系统，结合地区地图，方便对公共交通进行管控的同时，为居民使用的子平台提供支持。

针对居民提供县（区）域智慧交通应用子平台，主要负责路况查询、驾照考试预约、驾驶证分数查询、违法记录查询、公共交通查询等。路况查询，通过对接交管部门内部平台，向居民提供地区大概路况，分为拥挤、顺畅等几个分级，用颜色进行区分；根据路况和红绿灯即时信息更新，提供大概的时间和路线，实现类似高德地图的功能，以方便居民驾车出行。公共交通查询，根据用户所在定位，推送和提示附近的公共交通站台，根据用户输入的目的地，进行路线查询；根据已经选择好的路线，跳转页面，提示路线和车辆信息，结合交管部门对应模块，提供车辆位置信息，提示乘客上下车，减少等待时间。

2. 系统简介

（1）系统架构。根据交通的特性，即车辆流动的整体性，在这里将县（区）域智慧交通不按照社区、街道、县（区）域的层次进行划分，而是展现整体的结构，县（区）域智慧交通应用系统架构如图 6-2 所示。

（2）功能介绍。县（区）域智慧交通应用所需要的信息除了地图以及固定的公共交通信息之外，还需要其他变动较大的信息提供给统一的平台以供处理和分析，并进行相应的调度。在信息提供端，需要进行相应的信息提交，并固定时间进行更新，以保证用户、决策、指挥 3 个平台的使用。

市政规划等部门对道路的维修施工以及占道施工等信息在相应的应用上进行提交，除了提供时间、施工方信息等基础信息，还需要对施工范围和深度进行专业性较强的提交，以便经过处理的信息统一提供给指挥或决策方后能够得到更有效的处理。

地理、气象部门通过提供地理和气象信息，帮助使用方进行决策。如可能出现的地质灾害、恶劣天气预警等，以便在事故多发路段或者事故易发路段进行相应的指挥人员部署，同时在用户平台进行相应的提示。

出租车、网约租车平台等大型经营公司以及公共交通运营公司主要负责提供公司旗下车辆运行状态的信息，以便用户平台进行打车操作。同时，公司旗下的司机可以在相对应的平台内部进行信息沟通和提交，以便指挥和决策平台在大数据情况下进行更为准确的判断。

用户平台主要有三部分内容：驾车查询、乘车及打车查询以及用户信息。驾车查询

第六章 县（区）域智慧城市应用层设计与规划

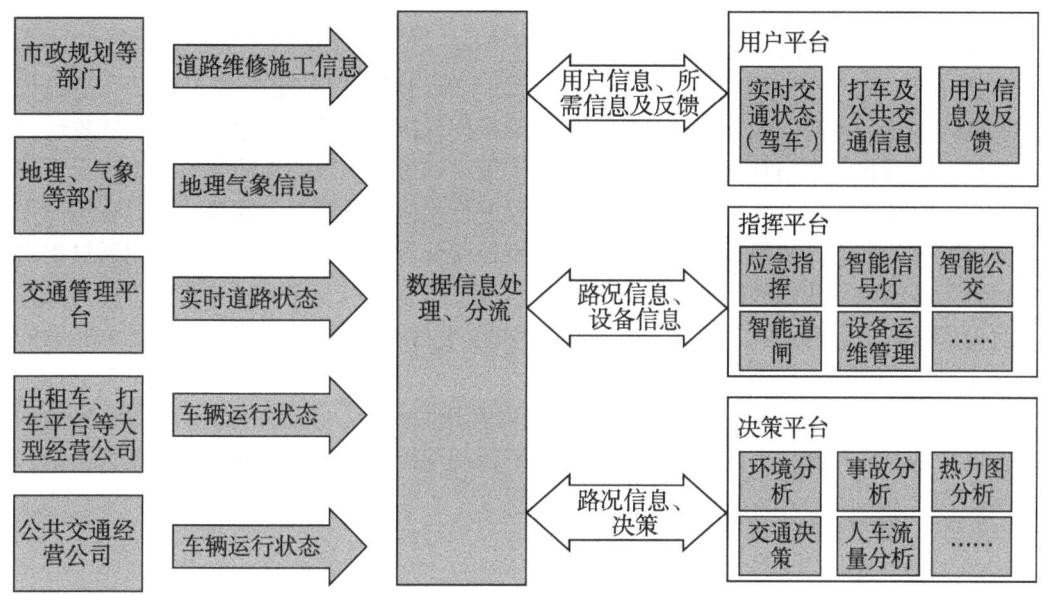

图 6-2 县（区）域智慧交通应用系统架构

主要内容为根据用户输入的地点等信息进行路线和预计时间查询，功能类似于市面上可见的地图软件。乘车及打车查询主要内容集成市面上可见的地图软件和官方信息公布，如微信小程序进行公交查询、支付宝小程序进行公交查询等查询方式，将两者进行集成，统一进行展示。用户信息部分主要为用户设置的收藏地点、用户出行常用车辆车牌、驾考查询和报名、用户反馈等。

指挥平台主要在 PC 端进行展示，信息相较用户平台更为完善和全面。主要有应急指挥、智能信号灯、智能公交、智能道闸、设备运维管理等几个模块。应急指挥主要负责根据市政规划部门、地理气象部门、交通管理平台、大型运营公司等提供的信息进行分析，在可能发生事故的路段进行指挥人员部署，以及在已经发生事故的路段进行紧急的指挥人员的人力调度。智能信号灯主要根据已知的历史大数据进行分析，将信号灯的时间设置在合理的范围内，以对道路资源进行合理的分配。智能公交主要负责公交资源的调度和分配，将乘车人次较少的线路空闲的车辆进行调度，以保证公共交通的畅通和人员的流动。设备运维管理主要根据已经购置的设备信息进行定期的设备维护，同时根据用户平台、司机平台所提供的信息和反馈，对损坏的设备进行维护。

决策平台主要在 PC 端进行展示，负责大数据的处理和道路情况预测。根据地理、气象、市政规划等部门提供的信息，对交通环境进行分析，根据既往的数据分析得到的结果，进行提前的人力和物力布置。事故分析则是根据既往所得到的事故数据进行分析，追溯事故的起因，进行隐患排查，并及时有效地处理影响行车安全的不稳定因素，提高行车安全。热力图分析主要将所得到的信息提供给公交、信号灯等系统，进行空余资源的合理配置，提高资源利用率。人车流量分析大致原理和热力图分析一致，更偏重于流动的数据分析，掌握城市中的人车流信息，不光有利于车辆、物资配置，还可以提供给智慧警务，提高破案效率。

3. 系统带来的效益

县（区）域指挥交通应用通过对市政规划等部门对道路的维修施工以及占道施工等信息的汇总，将经过处理的信息统一提供给指挥或决策方进行处理。地理、气象部门通过提供地理和气象信息，帮助使用方进行决策。如可能出现的地质灾害、恶劣天气预警等，以便在事故多发路段或者事故易发路段进行相应的指挥人员部署，同时在用户平台进行相应的提示。出租车、打车平台等大型经营公司以及公共交通运营公司通过提供公司旗下车辆运行状态的信息，方便用户平台进行打车操作。同时，公司旗下的司机在平台内部进行信息沟通和提交，方便指挥和决策平台在大数据情况下进行更为准确的判断。

用户平台的驾车查询、乘车及打车查询以及用户信息，为用户提供基础服务的同时，进行信息汇总和精确的信息推送，提高资源利用率的同时，方便用户的日常生活。

（三）县（区）域智慧城管应用

随着信息通信技术场景化应用的快速迭代，以及社会层面知识大爆发现象日益突出，新一代信息技术正在对当代社会产生越来越多的影响的同时，城市管理（治理）新模式应运而生。在知识赋能，万众创新的开发环境下，以新一代信息技术作为支撑的城市管理模式正在形成，它以物联网、云计算等技术作为支撑，通过全面的感知、广泛的互联和新型智能化的相互融合的应用，形成一种以市民为中心的创新模式，县（区）域智慧城管应用主要以县（区）域城市管理智能化、服务现代化作为切入口，实现城市管理者、时长、社会多方协同的形式，推动城市管理向现代化、智能化服务模式转型。

1. 系统建设内容

（1）行业痛点。县（区）域城市中的违规现象较多且分散，以违规停车和占道经营为例，目标小，难取证，如果采用人工巡逻，成本高，效率低，而普通监控归属较为分散，且没有报警预警功能，数据统计不成体系，且没有统一的分析架构。

（2）建设目标。构建县（区）域城市管理数据基础资源库。对城市管理过程中涉及的相关数据资源进行细致普查，将各行业的区域空间地理分布和时间分布信息进行数据化处理，分析行业内部的管理数据、不同层级间管理数据交换和政务服务数据等不同数据类型的来源和应用现状，进一步完善全行业数据要素资源的专项化管理和全方位监控。

加强县（区）域市容环卫的管理。通过底层传感设施建设，提供市容环卫设施的智能监控和应用，范围包括垃圾处理管理、公共厕所管理、粪便处理设施管理、作业车辆管理等。除了在页面大地图显示车辆位置和固定的运输路线之外，通过相对应的车辆和管辖片区内垃圾站的垃圾容量实时智慧监控，进行定期或定量提醒，提高效率，减少车辆运输次数，减少资源浪费。提供对水域漂浮垃圾收集转运活动、生活垃圾分类运输处理活动、道路清洁活动、建筑垃圾运输与处理活动等方面的全程智能监控。页面上以区域地图为主，通过不同的分类筛选提供不同的线路、类别展示，同时加强对重点区域的监控覆盖，以及重点作业车辆、重点作业设施的智能监控，通过可视化、量化的数据进行管理，有利于指标的制定和下发。

采用 RFID（射频识别）和物联网信息处理等技术，对县（区）域城管工程档案实体进行信息采集和电子管理，采用电子标签的形式，实现实时智能识别，以及相关设备定位、监控、状态跟踪和管理。构建县（区）域智慧城管档案信息保护机制，实现档案信息的自动备份、数据安全的自动监测，减少相对应的人员成本，为城市管理的行政程序审批、业务管理监督提供基础的支撑数据，用以服务于城市管理设施的规划、建设和维护。

在现有的信用体系基础上，建立更加严格的县（区）市场信用监管体系，为市场上的商户建立档案，实行"一户一档"的制度。纵向，以行业为单位，进行展开，每个行业的分布和档案都进行分类存储和管理；横向，以地图为索引，进行商场内、街道内、区域内的商户管理和信用监管体系，进行多个维度、多个视角、多方关联以及多层次的分析，实时掌握商户运营的真实情况。

搭建县（区）信用大数据平台，建立大数据业务分析模型，针对用户的个人查询、店铺查询，以及定期整理和进行公示，对失信风险较高或者一定时间内呈现失信风险上升趋势的用户个人或者商铺进行预警，有针对性地进行统计和分析。超过一定标准的商户自动归纳入预警名单，进行重点排查和关注，对决策和日常工作提供数据支持和风险预判能力。

完善县（区）食品药品监督管理体系。以县（区）级电子监控中心建设为重点，通过物联网感知技术和运营商网络的传输以及大数据的信息处理，实现对整个县（区）一级区域内的食品药品生产经营行业、餐饮行业及运营单位的监控，包括农产品的生产加工、农业生产经营等环节。同样以大地图为基础，以空间地理布局为基础展开，对各个环节都进行有标准有组织的管控，通过完整的食品药品安全监管数据库，完善食品药品安全许可、检验检测等信息的整理和共享，对每个行业的环节都做到完整的管控，分类、分时进行展示。同时，加强信息共享和公示，在统一门户、App 的专门模块进行公示和提供查询，开放食品药品安全监管和预警信息的社会渠道，安排专门的人员和应用进行相应的管理，实现"经营者自律、食药局监管、消费者监督"三位一体的监管模式。

2. 系统简介

（1）系统架构。县（区）域智慧城管应用主要是商户、用户和管理部门之间的关系，管理和被管理、使用和被使用、运营和被运营等，具体关系如图 6-3 和图 6-4 所示。

（2）功能介绍。县（区）域市政环卫模块。该部分主要以 PC 端运行为主，将现有的设施以及管理进行相应的划分后统一显示。主要包括以下内容。

公共设施板块。主要包括垃圾处理、公共厕所管理、作业车辆管理、污水处理设施等市容环卫设施的智能监控和应用。

智慧监控模块。设定人员和设备相对应的管理区域和范围，通过和空间地理信息技术的结合，当人员在作业时间内走出规定区域实现自动报警，指挥人员及时进行规劝和

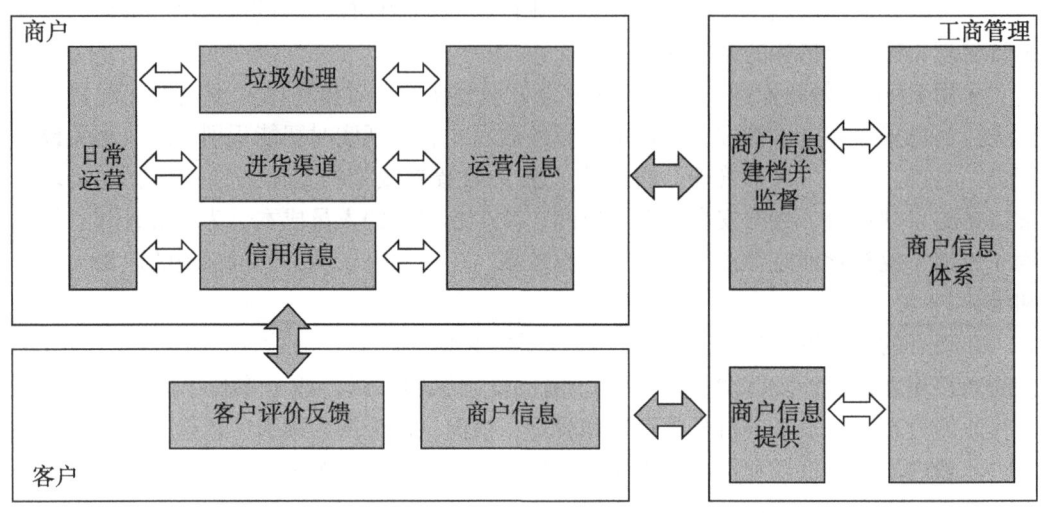

图 6-3　县（区）域智慧城管应用：商户和管理部门、用户之间的结构关系

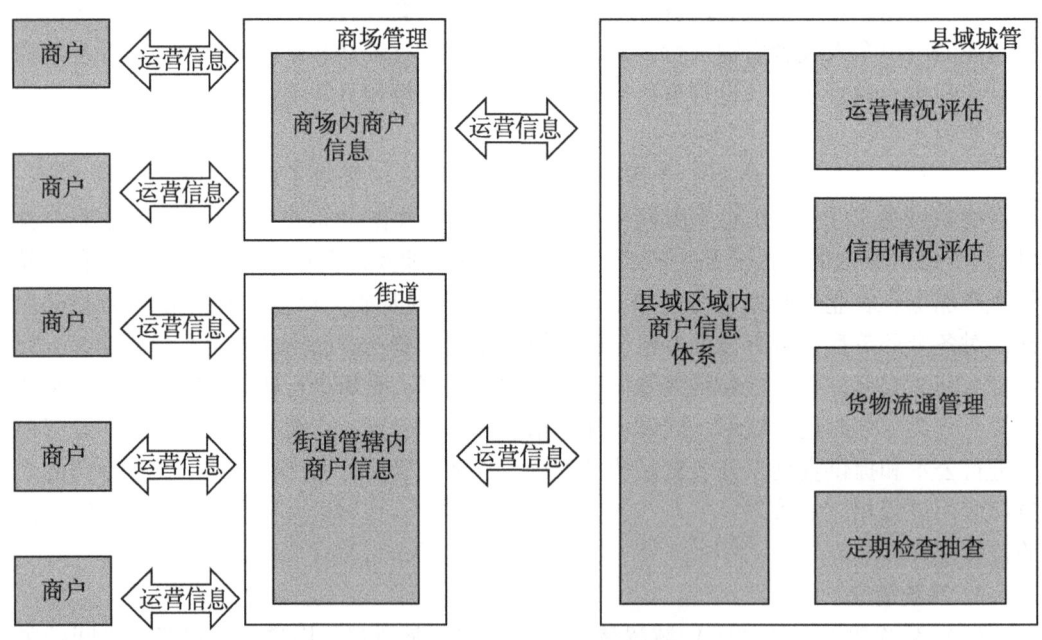

图 6-4　县（区）域智慧城管应用：商户与管理部门、管理部门之间结构关系

巡查。

事件处理板块。在整合作业人员和车辆的同时，整合各业务部门的资源，明确部门下面角色的分工，做到问题及时发现、合理处理和有效解决。

评价考核管理板块。将环卫的管理、作业的标准、考核的办法等各种制度进一步细化，形成基于数据的分析表格，通过自动化程序功能，自动对其生成、然后汇总、最后评价，对环卫作业评分监管考核，保证监督考核工作对事件、人员、车辆、设施、作业等元素的全掌控，减少人为因素的干扰，实现环卫监督与流程处理的有机结合[27]。

市政道路模块。市政道路资料库板块。将市政道路的养护和设备信息进行梳理和整合，建立相对应的档案，最大程度优化资源配置，集中优势资源解决突出的重点、难点问题，实现工作效率的整体提升。

主要地图梳理。通过 GIS 地图将道路数据、人员信息、标志标牌、安全设施、监控信息等信息进行综合整理，可以在地图上直接对指定的要素进行获取和管理。

移动终端养护作业板块。在外作业的人员通过移动终端进行统一的规划和管理，同时对相对应工作区域进行定期的拍摄上传，防止作业人员懈怠导致安全问题，同时方便管理人员进行对应的管理。

园林绿化模块。档案基础数据板块。将所管辖区域内的苗木按照绿地、行道树、古树名木、公园等分门别类进行管理和建档，通过细分下社区、街道的分类，形成统一的档案资料数据库，方便数据共享和管理。

养护板块。以月为单位，结合部分地区不同的养护管理情况，在系统上建立养护项目，完善具体内容，由平台自动化处理，将养护任务每月下发给养护单位和个人，并形成报表的形式，进行直观展示。

商户信息体系。商户信息报备板块。通过整合商户进行报备的信息，按街道、商场等进行划分，对每个商户进行建档，定期进行信息更新，方便管理。

商户货物运输板块。通过对商户的货物进行监控，尤其是对有危险的货物运输的监控，提高城市安全系数，同时对运输出的商业垃圾进行回收，方便进行整体的回收和处理。

商户信用板块。通过对商户的信用进行建档和评级，反馈给商户进行整改。同时客户可以通过官方网站进行查询，并进行反馈，提高可信度。

县（区）域指挥调度系统板块。应用对象为城管综合行政执法大队，大队的执法人员、执法车辆、执法终端视频数据能够与市支队调度系统进行互动。通过一张图上综合展示执法要素信息，实现对人员、摄像头、车辆、物资资源的管控。操作员在一张图上根据日常管理的需求，进行巡查区域设置，并制定相应的任务。执法队员在执法过程中，遇到突发事件，启动相应的应急预案，并根据预案要求进行任务管理、资源调度、应急指挥等预案工作。指挥人员可根据现场实时情况进行指挥调度，并根据实际需要启动多部门、多层级的调度会议。

一张图展示。将人员、车辆、摄像头、事件、物资等要素信息，在一张地图上进行综合展示，领导可以选择不同的资源要素，查看自己关注的信息，并可在一张图上进行指挥调度。

人员管控。对执法人员的基础信息进行管理，包括姓名、所属单位、位置定位等。同时，支持对执法队员进行语音指挥、视频指挥以及观摩。在一张图上，支持查看执法队员的执勤轨迹，并可以查看执法队员附近的医院、派出所、消防队等重点位置信息。点击执法队员，可以查看执法队员当前执行的任务。通过设置定时复位时间，定时将人员定位在电子地图中心。

视频管控。管理定点摄像头（广角或变焦）的基础信息，包括编号、所属单位、位置、状态等管理。通过设置定时复位时间，定时将摄像头定位在电子地图中间。摄像头的"今日事件"会在一张图上展示当天来自智能案件分析系统抓拍的案件以及处置状态（已处置、未处置），并可查看具体详情进行跟踪。同时，平台支持在一张图上直接打开摄像头，进行实时监控。

实时指挥。对执法力量可以进行临时组队，形成管控队列，进行临时统一指挥、任务下达及管控。根据实际执法需要，在一张图上，选择人员、摄像头、车辆等执法力量，创建或加入临时组，进行统一指挥调度。临时组管控包括语音指挥、视频指挥、观摩和临时任务。其中，对临时组中的人员可进行语音指挥、视频指挥、观摩、下发临时任务。对临时组中的摄像头、车辆可进行观摩。

视频查岗。系统设计"强制观摩"功能，能够远程强制打开执法人员执法记录仪的摄像头查看实时画面，观摩队员实时工作状态和工作内容，针对队员的执法行为规范发现问题、处理问题。

多方会商。根据事件的情况，启动多部门、多层级的调度会议，通过多方视频会议方式，进行事件的协同调度，系统支持 Web 端、移动端多方音视频会商。

消息推送。提供事件位置信息，并关联所在范围的责任区；提供事件实时状态信息，显示案件此刻处理进度的简要信息、处理人员、时间等推送。

任务管理。管理者根据需要，分配与管理日常任务、临时任务。便于管理者根据管理、指挥需求，实现执法力量的内部协同联动，对任务完成过程进行有效追踪，逐渐积累起业务经验知识，并支持开展效能绩效评估，迅速提升"执行力"。包含日常任务制定、归档，临时任务制定、归档等。

一键采集。前端人员在事件现场启动执法记录仪视频实时采集回传，在指挥调度平台可以使用采集观摩实时查看前端的实时视频信息。

一键呼叫。遇到紧急突发情况（如暴力抗法等），可迅速与指挥中心进行一键视频求助，实时地把当前执法记录仪的视频信息回传到中心。

电子网格。对执法力量、执法元素进行预先配置，为一张图展示、指挥、调度提供管理能力；管理人员可以根据执法任务需求，可以在电子地图上以区域、点、线的形式对所辖组织机构下的巡查区域、巡查岗点、巡查线路、学校区域、市场区域、违法建筑等区域进行设置；对不同类型区域的标识进行管理配置。

核心岗点。系统可根据重点区域的管理要求，在电子地图上创建巡逻核心岗点，并支持岗点类型分类，点击岗点可查看岗点信息、考勤任务、队员岗点内采集的事件、视频内容，做到"人随岗走，岗随事走"。

聚合展示。系统支持电子地图上的同类型资源图标聚合显示并显示聚合数量，防止由于管理资源过多，在地图显示时遮挡画面的情况发生，提高指挥调度能力。

人员考核。管理者对重点岗点或个人设定合理绩效目标，包括设置在岗时长、巡查里程等因素绩效机制，通过日、周、月统计查询人员在岗时长和巡查里程，实现定期有效的绩效跟踪，逐步循环提升执法效能。

岗点考核。当队员在规定的在岗时间内离开网格、岗点、巡查路线，系统将自动把该队员的状态视为"脱岗"，严格管理执法队员的同时实现精细化城市管理；当到岗点的规定考勤时间，但仍未有队员抵达岗点时，该岗点将自动产生告警信息，通知指挥中心及相关队员。同时,也自动记录该条告警信息,形成告警信息台账。

记录仪 App。支持在记录仪 App 中点选或使用记录仪快捷键进行一键录像、一键拍照、一键语音、一键求助操作。同时,执法记录仪可以实现即时通信和实时信息互享。平台端下达的任务可以通过执法记录仪接收通知,并通过执法记录仪对各种类型任务的执行情况进行上报和查看。当需要查看执法记录时,通过本地回放,使执法队员在执法记录仪上查看相关数据信息,包括录像、照片、录音等执法记录数据。通过"我的设置",可以对记录仪是否清除缓存、证据是否保存本地、消息声音是否开启、消息振动是否开启、采集播报是否开启等功能进行设置。

3. 系统带来的效益

县(区)域智慧城管应用,实现与市城管局大数据平台、区县级其他部门、区内城市管理执法等部门的数据交互、数据共享和互联互通,与智慧城市整体规划相衔接适应,提高城市管理执法与管理部门间业务协同能力,为政府各部门决策提供辅助支持,以及深化城市治理业务的有效管理工具。

首先,通过电子地图,将辖区划分为责任片区,直观地展现在统一的地图页面。通过广泛铺网的监控和电子感应设备,将辖区内部监视起来,尤其是对于人员杂乱、人流量大的区域,充分利用电子技术的优势,将人工难以识别和监控的区域监视起来,同时及时将信息传送给相关负责人员,减少人员的低效巡查。

其次,具有针对性的监控设备可以更为准确地定位到相关行为信息进行分类和分析,并定期存档,方便相关人员进行资源调取和回溯。

最后,所有的信息统一上传到库,进行整体的存储和分析,根据政府内部的职责划分,将自动分析后的结果推送到相关负责人员和部门,进行进一步的决策和判断,将大部分的精力放在重点和全局,而不是分散在每一个小点,提高效率。

一个数据库存放融合所有的数据平台信息。将原本分散的地图、视频、监控数据统揽在一个信息数据库中,整合多个单一功能的管理平台中的数据,同时解决了分散所导致的视频权限、建设标准不一、平台技术水平不一等问题。将业务设计内容通过一张图展现。通过大数据技术和数字孪生技术的结合融入,对系统所收集到的所有数据进行归纳、整理、交互,呈现出总体的概况,将多个平台的关键数据展现出来,自动计算并提供执法调配方案,并将责任落实到主体,一键直达,方便查看和操作。

(四) 县(区)域智慧能源应用

2021 年 10 月 24 日,国家发布《中共中央国务院关于完整准确全面贯彻新发展理念做好碳达峰碳中和工作的意见》中指出,要加快工业领域数字化转型,推动互联网、大数据、人工智能等新兴技术与绿色低碳产业深度融合[28]。智慧能源主要是针对一定范围内的能源用户和能源提供者,改变原有的不同能源之间的孤立设计的传统模式,将居民日常生活中和企业生产中涉及的电、气、水等能源进行整合和一体化,通过综合控制和服务平台,实现能源多个品种之间、能源提供者、运输者、使用者之间的协同和互动,从而提升整体的效能。

1. 系统建设内容

（1）行业痛点。传统的能源供应企业能源监测不全面，数据更新不及时，给资源使用者提供的信息不够透明；传统的能源供应和能源运输等环节没有实时的预警、预测机制，能源跑漏的监测和维护较为滞后，存在安全隐患；传统的能源使用方式分散，没有统一的体系，数据存储和共享不便，数据孤立，无法整体统筹规划和分析。

（2）建设目标。统一县（区）域智慧能源应用数据标准。根据各行业之间的数据标准，制定统一的规范，方便数据互通和统一管理。其中包括数据分类、交互、数据库管理、标准管理规章制度等关于标准体系的建设。

统一县（区）域智慧能源应用数据治理体系。将数据和应用分离，以智能化处理为驱动，将各个环节得到的数据进行提取、关联和比对，并根据各个数据之间的特征进行标记，将数据分门别类地进行存储和处理，构建对应的模型，构建符合整体应用标准的全生命周期处理体系。

统一县（区）域智慧能源应用门户网站。针对信息孤岛现象，通过建立统一的门户网站和综合管理应用平台，实现多个来源的信息进行实时共享，准确地提供生产、运输、存储、使用中各个环节的状态信息。

2. 系统介绍

（1）系统架构。县（区）域智慧能源应用的系统架构设计如图6-5所示。

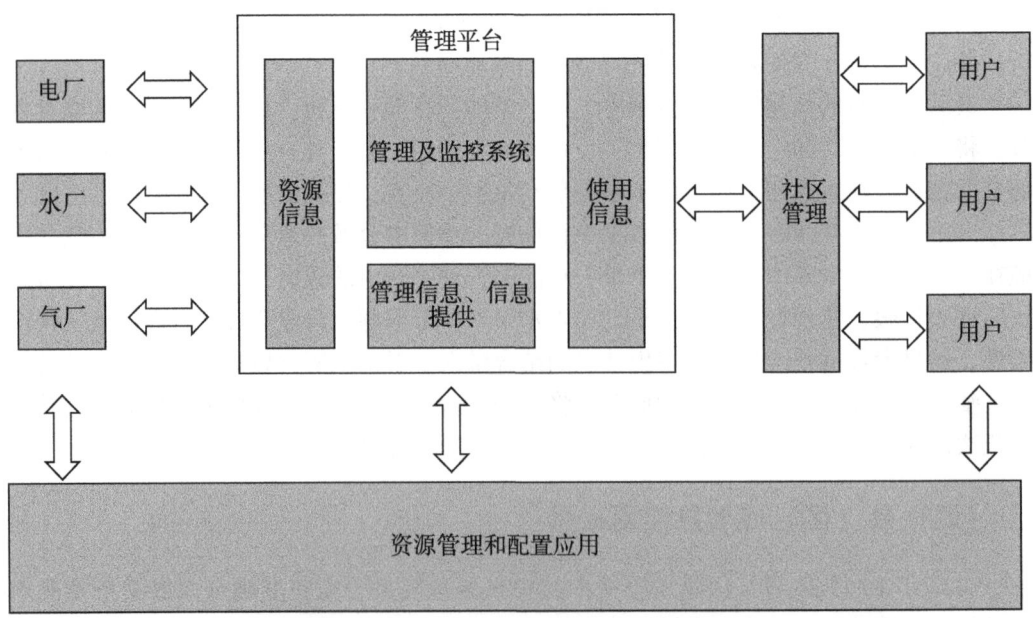

图6-5 县（区）域智慧能源应用系统架构

（2）功能介绍。县（区）域智慧能源管理部分根据资源用户分类，大致分为居民平台、工业能源管理、公共建筑能耗三部分。

居民平台作为一个子模块，可以镶嵌在其他平台内部，比如政务平台内部，主要负责居民的线上缴费，通过智能电表、水表等的安装，直接在线上进行缴费，而不用拿着水卡电卡去线下能源厅进行缴费,大大便利了民众生活。通过政府的资源管理平台,链接居民平台内部数据,可以实现分时、分区的能源消耗统计,更加精细、准确地进行能源分配和管理。

工业能源管理,主要提供企业生产过程能源消耗的在线监测及关键设备生产能耗过程监控,通过智能电表水表等的安装,实现对企业设备能源消耗的实时监测,打造能源信息发布平台,及时更新统计后的能源消耗信息,同时为能源监控预警系统和节能绩效管理系统提供数据支持,超过警戒线的能源消耗将根据智能化的电表水表以及人工进行故障排除、节能提升,低于平均值的能源消耗部分将按照比例发放绩效给员工,促进能源节约。

公共建筑能耗平台,实现城市公共建筑的能耗综合管理,通过智能化设备的数据采集和监测、数据层平台层的综合、分析和诊断,实现智能化管理和能源节约。协调多个平台和部门,对能源消耗的原因进行深入排查,推进合同能源管理和节水管理。对重点用能单位进行监控,开展节能低碳活动,下发能效指标。通过节能工艺流程(含设备)的技术改造和节能技术的产业化应用示范,对用能单位进行约束和管理,提高节能效率。

3. 系统带来的效益

加速数据聚合。汇聚县(区)域所有的能源数据,对城市能源进行高效规划与管理,通过城市信息化整体建模与地理信息系统相结合的方式,建立全要素覆盖的大数据平台,按照各环节的需求,实现安全生产、运营和环保数据的精细管理以及控制,构建能源大数据分析监管体系,在管控的同时实现质量的提升和成本控制,推动碳排放溯源等节能减排措施,实现碳排放的有效降低。

能源消费管理一张图。围绕县(区)域能源双控指标、区域能耗预警、能源消费结构、能源消费趋势、各区域能耗对标分析、行业能效综合排行、重点用能企业分析、能评项目汇总、能耗超标企业汇总、用能预算化管理、确权分配、在线监测等方面,对全区的能源消费工作进行分析与展示,生成月度、季度监测分析报告,实现智能化与能源管理的深度融合。

能源经济管理一张图。通过对县(区)域能源经济及相关指标的预测分析和监控预警,同时,结合县(区)域的经济基础和自身产业特点及发展方向,推动产业结构升级,加强项目生命周期管理,挖掘企业和项目增长潜力,实现区域 GDP 最大化。提供区域经济分析和可视化展示,建立健全经济预测、监控、分析、管理、服务体系,提高管理服务水平,增强服务能力,为政府部门提供挖掘企业潜力、加强项目管理、分析经济发展等工作的辅助决策依据,形成面向政府监管、企业服务、公众服务全角度的智慧能源应用新模式。

(五)县(区)域智慧警务应用

随着科技不断发展,国家政策的变化,警务信息化进程也在不断前进,县(区)域智慧警务平台的建设现已取得初步成效,但平台子系统间信息孤岛问题却日渐显著,县(区)域智慧警务应用各子系统之间存在信息互通难、数据共享率低、不同系统业务流程集成"壁垒"突出等诸多问题，已逐渐成为制约县（区）域警务信息化体系建设难啃的"硬骨头"。信息资源是警务信息化系统建设的必要燃料。毫无疑问，数据感知、收集、处理的互连互通及数据共享平台的构建是警务信息化系统建设的基础工程。提高以信息化推进警务系统革新的警务业务的有效性，全面提高警务机关的实战能力，即加快建立公务信息化系统。

县（区）域智慧警务应用系统，可有效解决当前公安系统（机关）各关联机构之间由于信息碎片化分布导致的信息孤岛，越来越无法满足对需求的及时、高效决策处理，资源协调难度大，各系统间信息不共享，数据标准规范不统一，信息资源整合应用问题日益突出。因此，政府机关在推进警务信息化建设进程中，不仅要增大物联网终端设备的覆盖规模，更为关键的是要建设全面的数字化警务管理系统，汇聚全警数据和社会数据，加速各部门之间的信息资源共享与业务融合互通，横向打通各业务版块，为县（区）域警务体系信息化建设和实际应用功能的迭代升级，提供安全可靠的服务环境和技术支撑。

1. 系统建设内容

（1）行业痛点。各系统间信息不能共享，数据标准不统一。现有的系统烟囱式设计导致耗能、机房面积、网络结构导致利用率低。不能实时监控物理设备的运作情况和应用系统的状态。缺乏数据挖掘、分析、预测能力导致非结构化数据几何级增加。

（2）建设目标。县（区）域智慧警务管理系统使用微服务、模块化开发方式，实现所有业务流程都可配置，同时将海量数据格式标准化、规范化。系统以各警种业务数据库为基础，搭建网络支撑，以干警现场查询，现场执法为目的，全面提升一线干警的作战能力，为警务人员提供移动业务处理服务、无线调度能力，实现各警种各业务现代化移动无线警务网络。主体功能涵盖各层面警务保障业务，有效遏制各单位警保业务体外循环，系统业务数据统一规范管理，为科学决策、统筹指挥奠定坚实基础。

县（区）域智慧警务管理系统，可深度挖掘各警种业务数据，以现有单位数据库为基础集成统一全量大数据库平台，数据采集提供多种类数据支持、多频次高效采集、在线监控采集任务；数据预处理可视化操作，全程实时监控；分布式数据存储，多个自主的处理单元分而治之；丰富的数据格式存储、标准统一的 API 接口配合业务管理、资源管理实现权限分配及数据管理；采用分布式架构，支持各类海量数据加密脱敏等防护机制，保障数据安全；同时，引入大数据分析技术，基于资产、设备、基建和后勤服务等业务数据，按照实际场景、用户视角，建立多维度分析模型，为警务保障提供数据依据，为指挥调度提供决策支撑。

2. 系统简介

（1）系统架构。系统采用用户名和口令认证的方式进行身份验证，并通过令牌认证的方式在不同系统间复用，区分专业用户和非专业用户。通过 RBAC（Role-Based Access Control），实现用户访问权限控制和角色设置，在保证数据交互效率的前提下，可以保证每一个用户对每一种资源的每一个控制权限的细致分配，警保专业用户主要依托电脑端办理业务，非警保专业用户主要依托移动端办理业务。平台采用分布式架构，支持各类海量数据加密脱敏等防护机制，保障数据安全，提供毫秒级服务响应。对区域整体概况、警务数据、出警处理数据等进行可视化呈现,在现有警务综合性数据中心基础上再度升级。智慧警务数据分析平台如图 6-6 所示。

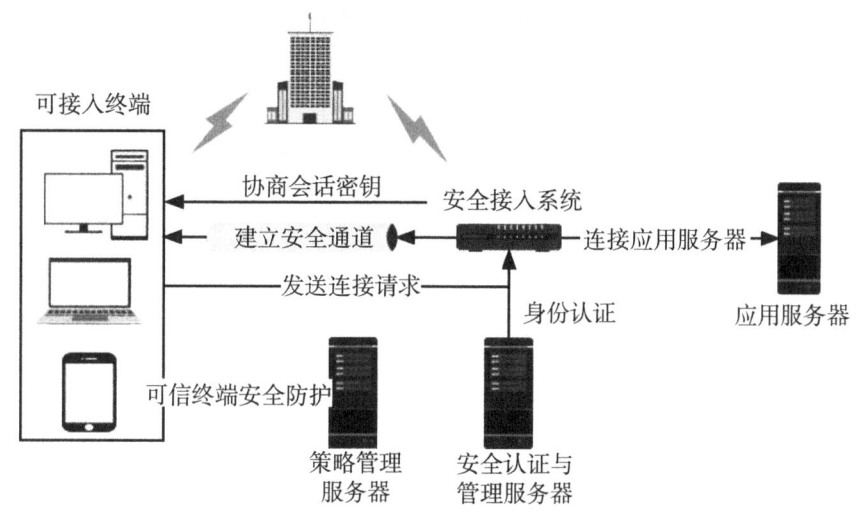

图 6-6 县(区)域智慧警务大数据分析平台

(2)功能介绍。县(区)域智慧交警应用,是基于全域视频监控、地理信息系统(警用)、警务管理等系统功能,以高清的地图和车道级高频轨迹数据为基础,实时监测交通态势、路口违规抓拍处理、道路网结构画像、事故多发地诱因分析、交通安全风险预测预警、事故特征分析、安全辅助决策功能。实现路口信息全感知,道路安全风险实时监测和预警分析、非机动车违法抓拍、违法取证登记、现场执法、在线执法。智慧交警系统主要结合了云服务、大数据分析、AI 等先进数字技术的新型微交通技术方案,对道路、路口进行智能化信息管理,展开透彻、实时、精准的感知交互与信息传递,有效缓解交通拥堵、有效降低道路安全风险、提高交通管理效能、优化公众出行体验,全面提升县(区)域道路交通安全与效率。

县(区)域大数据分析子系统,将人脸识别平台、车辆大数据分析平台嵌入智慧警务系统,与现有公安掌握的资源库对接,公安系统信息资源与人脸识别平台资源高度共享和关联,提升公安系统原有资源利用率以及实战单位和一线执法人员执法效率;基于先进的 AI 图像识别技术,将电警、卡口抓拍的图片,按图像提取的特征进行二次识别,完成线索的分类收集,实现以车管人,从而有效加强治安管控、防范与缉查布控。数据分析系统的流程如图 6-7 所示。

县(区)域数字化大屏展示子系统,结合 GIS 地图、倾斜摄影、BIM 模型和单物品模型,通过 3D 展示技术实现城市全景展示、道路楼宇 3D 可视化,用数据重塑城市空间的智慧管理和监测。针对各警种数据库的数据特性,将数据格式标准化;以物联网平台方式连接城市空间的全量基建设备,提取数据,沉淀标准,打破系统孤岛、项目孤岛,加强警务大数据信息融合,实现可视化信息展示;为一线的警务执法人员提供便捷、高效的大数据服务支持,满足常态下出警、警力、警情的监测和管理需要,以及应急条件下的消防、特警等多方协同事件处置和整体统一的指挥调度。

·99·

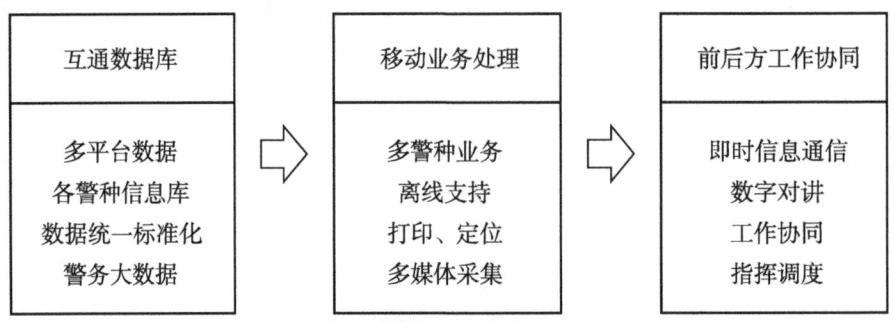

图6-7 县（区）域智慧警务大数据分析系统流程

装备管理子系统，数字化管理各类装备需求申领、出入库、移交、调拨、领用、维护保养等事项，比如对车辆定编、上牌、换牌、过户、维修保养、保险、违章等全维度信息采集记录；建立单位和个人装备账单，实现装备全寿命周期管理。

巡逻盘查子系统，识别盘查人员证件录入被盘查人员信息，盘查时间由系统自动生成，可根据被盘查人员身份证件号码跟在逃人员数据库对比，对在逃人员进行报警提示，以及可根据被查车牌号码、车辆类型进行被盗车辆对比报警。

财务管理子系统，将部门预算上报、下达、分配、调剂等环节进行严格印章化以及各级财政可并行编报；管理采购计划申报、评标授权、合同签订、供应商履约等事项；支持多样化采购方式比如集中采购、自行采购等，按照全口径的采购类型开展采购业务管控；对政府投资项目工作实施全生命周期式管理，跟踪管理项目投资计划上报、计划调整、计划下达、计划执行；数字化登记管理各种费用报销、暂扣款、凭证、账簿、项目暂估增资、产权登记等事项。

后台应用子系统，提供设备接入网关服务，实现上传协议的接收解析，下发协议的打包分发；与应用系统消息的转发和接口交互的通信转发服务；实时数据查询、数据入库服务，以及盘查比对等后台业务服务。

移动应用，县（区）域智慧警务系统开发移动应用平台，以便民警随时随地办业务，通过时间、空间两个维度调配警力和物资，利用民警碎片化的时间安排业务办理，提高警务保障实效。

3. 系统带来的效益

智慧警务信息化平台结合新一代视频GIS地图，服务于公安行业需求，整合了PGIS平台、GPS定位平台、智慧警务综合平台、移动警务平台以及各部门实战子系统平台，实现资源整合、数据共享、一站式查询，是为一线干警前线业务办理、人员调度提供便利手段和有力的数据支撑的多样化管理应用平台。

管理信息化。县（区）域警务管理信息化和自动化，资料分类一次录入，全流程、全系统共用，打通各环节数据壁垒，实现数据共享；建立智能仓库系统，实现装备、物资入库、出库自动化识别；材料审批由线下转线上，方便各环节人员工作对接，缩短审批平均耗时；审批人随时查看审批进度更新状态，实时掌握审批业务相关信息，大幅提升警务人员工作效率。

业务透明化。县（区）域智慧警务应用系统将业务事项流程化、档案化管理，每个环节有负责人员审核盖章，确保业务流、资金流、数据流相一致，实现对资产全生命周期管理；保证财务账、资产账、实物账一致，资金全过程严格化管理，扩大工作透明度，以防止重要资产流失。

业务环节化。县（区）域智慧警务应用系统通过贯通数据流技术，将警保业务全程切分环节化，每个环节精细化管理，展现每个项目已办、在办、代办事项，实时更新推送，确保项目及时有序开展。以基建项目为例，系统覆盖近百个关键业务环节，每个环节均可短信预警、提醒和督促相关负责人，业务开展有序，成效显著。

（六）县（区）域智慧工地应用

县（区）域智慧工地应用系统是通过使用新一代信息技术等手段，通过传感器等方法采集数据，通过搭建三维平台对工程项目过程进行精确设计以及施工过程模拟，围绕整个施工过程进行设计和标准量化，建立一个完整的互联互通，相互协同的智能化生产、智能化管理的一个信息化体系，并在此过程中对收集到的数据进行挖掘和分析，与模拟情况下进行比对，通过比较以及趋势预测提供智能化方案，实现工程施工整个过程的可视化、智能化、系统化管理，从而提高工程管理的水平，并且逐步实现施工过程的绿色和生态。

1. 系统建设内容

（1）行业痛点。工地施工过程范围大、环境复杂成分多、涉及的施工和管理的环节多，工地场景下的全局监管难度大，同时各环节标准不一，管控难度高、要求高。一般情况下，工地施工人员工种类型多、数量大、流动性强，容易产生人员混乱、管理混乱以及违规操作等现象，增大了管理难度，同时存在着很高的项目风险和安全隐患。施工过程中涉及的作业属于高风险作业，工地现场人员多、物资多、设备多，安全隐患高，现有的技术很难同时全方位地进行监管，对可能发生的安全事故进行实时预警和有效防范是县（区）域工地信息化升级建设的内在要求，安全事故频发在导致人员伤亡的同时，也会对项目造成巨大的损失。工地上作业点多，作业面广，施工数据分散，容易造成信息孤岛，导致施工过程各环节各流程割裂，各方对接困难，无法有效地进行协同作业，同时导致管理过程产生盲区和漏洞。

（2）建设目标。县（区）域智慧工地应用系统，通过 BIM（建筑信息化模型）、数据可视化技术、虚拟现实（VR）技术、物联感知、云计算等技术的应用，将施工过程中涉及的人员、设备、物料等要素中的数据进行实时和动态的采集，支撑现场作业人员和项目管理人员提高施工质量，控制施工成本，监控施工进度，为项目的成功保驾护航。形成智能化施工流水线，通过准确和及时的数据采集和后续的智能化数据挖掘分析，进行智慧化的综合预测和方案提供。

县（区）域智慧工地应用系统，主要从人员、物资、环境、安全、质量等几个方向进行管理，通过对人员的管控，提升施工的效率和安全，保证过程有序；通过对扬尘和路面情况的监测和控制，确保施工过程的绿色生态；通过对物资和施工过程的监控，降低施工风险，有效提高管理水平和安全系数；通过对物资、施工质量的监控，定期进行质量检验和问题追踪，提供可量化追溯的质量管控措施。

2. 系统介绍

（1）系统架构。智慧工地应用的架构如图6-8所示。

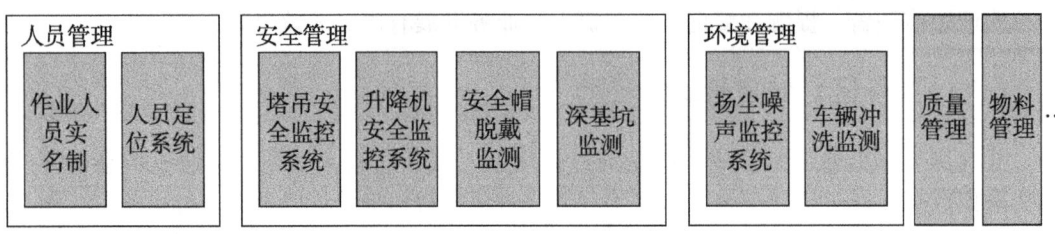

图6-8　县（区）域智慧工地应用系统架构

（2）功能介绍。人员管理系统，以作业人员实名制为基础，通过对人员进行上岗前培训、进出考勤、人员定位等方式进行管理，保证人员管理的有序和高效。

作业人员培训系统，对人员上岗前进行统一培训，利用PPT、视频、VR等，将施工现场的规章制度和应急处理方式进行培训后考核，提高人员安全意识。通过VR技术进行安全事故模拟，充分体验，吸取教训。

作业人员实名制系统，设置进出口闸机及人脸识别（黑白名单）系统，CAIY射频卡或生物识别技术，实时采集出入施工场地的人员信息，并进行信息识别和统计分析，数据同步上传至管理平台，实现对施工管理制度的对标与落实，减少不必要的人员流动和不明身份的人员流窜。

人员定位系统，通过GPS、摄像头、打卡机等方式进行人员定位，定期对区域内的人员数目进行统计，保证作业人员按时到岗，不在工地范围内随意走动，以管理人员定时考勤作为辅助，保证作业人员作业时间位于作业范围内。

安全管理系统，通过数据采集，实现工地现场的可视化，同时对可能存在危险的塔吊、升降机、容易产生火灾的部位、洞口、脚手架等进行全方位监控，保障作业安全。

塔吊安全监控系统，主要依托于传感器数据采集、无线传感网络数据交互和远程的数据通信技术来实现对建筑施工过程中塔机的状态的监测和管理。系统的主要功能实现目标是对塔吊单机运行和多机干涉作业进行工作状态实时监控，并同步进行远程监控、信息采集、报警和调度。对每一台入场的塔机进行登记和区分，通过对不同权限用户的识别和区分，进行平台信息的开放，便于管理人员及安全监管人员对他进行实时监管调度、数据统计和历史数据分析。

升降机安全监控系统，全方位实时监控场内升降机的作业情况，收集包括载重、操作人员、升降速度、机器倾斜度、驾驶员身份在内的信息，在平台上进行汇总和处理、分析，在施工可能存在风险的时候及时进行报警，同时通过定位系统对附近的人员和车辆进行提示。

安全帽脱戴监测系统，通过 GPS、摄像头、射频识别等方式进行人员实时定位，并记录其历史轨迹。在安全帽内部设置芯片，在记录人员身份信息的同时进行实时监测，对处在施工范围内并未佩戴或未正确佩戴安全帽的人员进行提示，对危险区域内的人员进行报警，减少施工现场的事故发生率。

环境管理系统，支持对施工现场环境和能耗情况的实时监测与可视化分析。

扬尘噪声监控系统，基于物联网、声光报警器、风向传感器等仪器和技术，监测施工现场的扬尘、噪声情况，定时进行监测，并将结果显示在监视屏、平台页面。通过和降尘设备的联动，远程智能化操作，自动降尘。同时可以进行规则设置，定时或根据数据情况自动进行降尘。根据规则设置，当噪声指数超过设置的范围时，进行报警和相对应负责人员提醒，减少噪声污染。

车辆冲洗检查系统，全自动化检测并冲洗进出场地的车辆，并安排相对应的负责人员使用配套设备进行专业化检查，可大幅减少由于不同种类的车辆进出工地造成的施工现场扬尘污染，有效改善施工环境。

3. 系统带来的效益

县（区）域智慧工地应用系统，通过信息集成，工程信息、施工进度、监控视频、人员信息、施工环境、报警信息获取更方便，可以直接在应用上进行查询和详情获取，减少管理人员在现场的跑动，提高办事效率。同时，各个部门管理人员之间的信息传达更为及时，统一的应用服务将现场各类信息实时地传送给各相关负责人，便于工作任务的分派和调度。同时，施工人员的移动终端可以实时获取任务详情、所需设备详情、各类施工标准，便于人员随时查看和标准落地，提高施工质量。通过标准化、数字化的施工数据，便于工作的分配和考核，进一步提高工作效率。

县（区）域智慧工地应用系统，将二维的工程信息具象为三维的模型和数据库，更多维的数据信息能够提供更精细和更现代化的数据处理能力，提高对工程模拟的精度，为管理者决策提供辅助。

（七）县（区）域智慧校园应用

随着创新型科技如人工智能、大数据、区块链等的迅猛发展，以及国家政策的变化，国家对人才需求以及教育形态也将发生深刻的变化，为了主动面对新的技术带来的新的挑战，我国已发布《新一代人工智能发展规划》，强调发展智能教育。教育智慧化 2.0、教育智慧化 3.0 行动计划是推进"互联网+教育"的具体实施计划[29]。

县（区）域智慧校园应用核心是通过数据赋能推动教育信息化，将信息化建设与科学研究、人才培养、创新创业、实践教学等深度融合，改革与颠覆现有的管理、教学、科研模式，利用边云协同、大数据分析技术打破校园内各信息化系统的数据孤岛问题，不仅对教学辅助提供技术支持，同时逐渐创新教学模式，不断推动人、技协作，助力校园全面数字化转型——由数字校园向智慧校园转型升级。

1. 系统建设内容

（1）行业痛点。在智慧校园的建设中，传统的建设方式呈现相互割裂、独立开发的问题，行业应用痛点如图 6-9 所示。

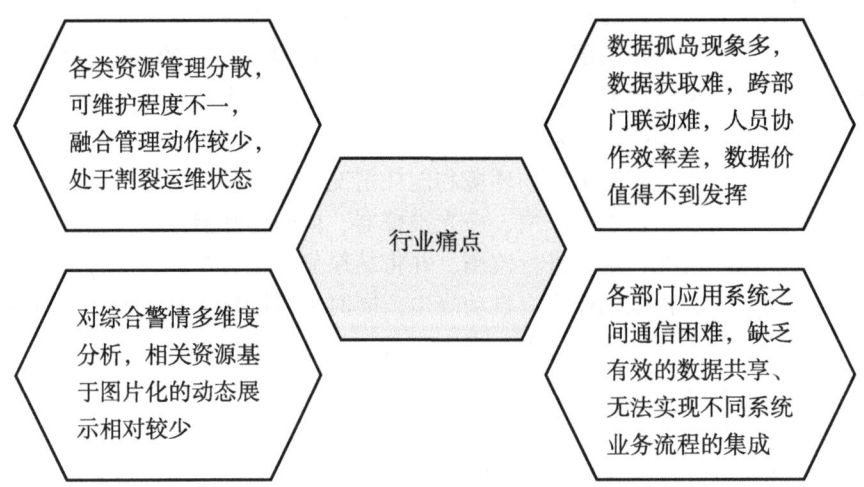

图 6-9　县（区）域智慧校园应用行业痛点

（2）建设目标。通过县（区）域教育信息化体系建设以及线上教育平台搭建，将学校裸光纤与教育城域网直连，从而便于部署数字化应用服务平台和教育公共云服务平台。以三个全面、两个高水平、一个大平台为目标，探索和发现信息技术的新型教学理念，建设信息化条件下的人才培养方法，具体的建设模板如图 6-10 所示。

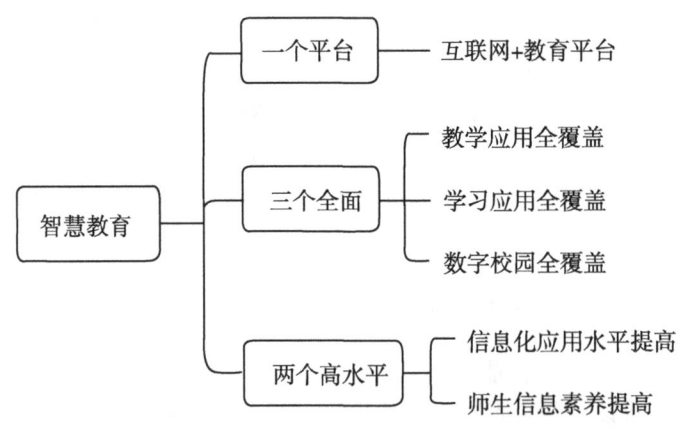

图 6-10　县（区）域智慧校园应用建设目标

县（区）域线下教育信息化以建设智慧教室为主要方法，实现多媒体教学互动、课堂教学录播、师生智能化考勤、师生智能移动终端接入等，开展教学大数据应用分析，以提升学生教育质量为首要目标，利用大数据分析学生课程情况评价进行课堂督导；进一步加强各类智慧实验室、兴趣教室的建设，丰富教育形式的同时，利于大数据整合分析，提高教学质量和安全系数；开展知识图谱研究，为每个课堂提供人工智能应用。同时，在大平台实时推送和集成大家广泛关注的教育内容、通知，方便用户进行获取和查找。将一些热点资讯做成推送文章，嵌入各类数字渠道，提高知识普及程度和扩大知识普及范围，以"数据开放，信息透明"为基础，提升老师与老师、老师与同学、同学与同学间协同研究的效率。

县（区）域线上智慧教育以区教育公共资源为基础，通过教育全量数据库，从数字大屏、教育资源、管理服务和家校互动4个方向推进智慧教育服务。

数字大屏用于集成各类数据和资源，为办公教学提供基础服务，通过后台系统页面进行基础的展示，根据数据和资源的类别统一管理、展示，为其余3个方向提供数据支持。

教育资源从数字大屏中提取所需数据，建设资源公共服务平台，与省级、市级教育资源数据对接，最后合并至国家资源库，以为师生提供规范化、正规化服务为根本，分模块管理、开放，用户须根据身份认证对相应的接口和页面进行访问。

管理服务主要实现对教育服务智慧管理，包括但不限于师生管理、教学管理、教师考评、教师培训等，通过大平台、多模块的方式，同样根据身份认证进行跳转和权限页面的访问控制，实现多维度多类数据的校园可视化管理。

家校互动是一个针对校方、家长、学生三方信息互通的沟通型平台。包括但不限于开学通知、离校通知、考试成绩、在校成长记录、教师评价等模块，多方位、全面地实现对学生学习情况的监督和跟进。同时，有效的沟通平台除了让老师、家长可以更了解学生的学习情况外，还有助于家长同学校共同干预学生的成长和发展，以保证学生健康成长。

智慧教育的建设以三类标准体系为基准，具体的体系内容如图6-11所示。

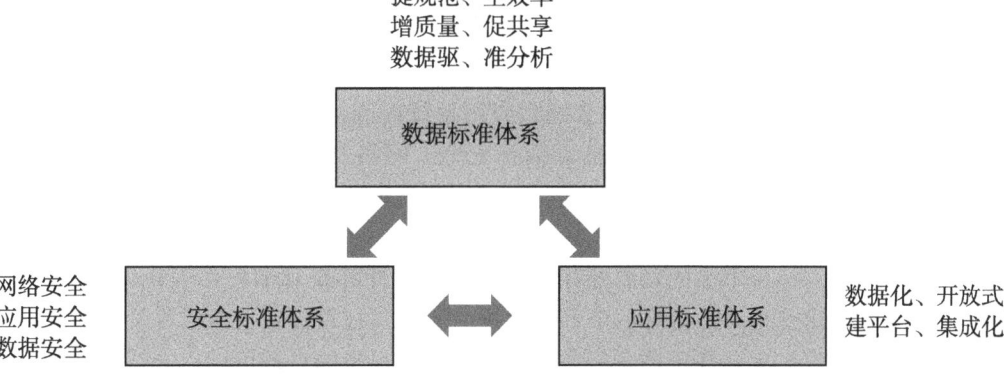

图6-11 县（区）域智慧校园应用建设标准体系

2. 系统简介

（1）系统架构。常见的智慧校园应用系统架构如图6-12所示，分层建设和开发。

县（区）域智慧校园应用系统架构，以"三全两高一大"的发展目标，即教学应用覆盖全体教师、学习应用覆盖全体适龄学生、数字校园建设覆盖全体学校，信息化应用水平和师生信息素养普遍提高，建成"互联网+教育"大平台；积极响应《新一代人工智能发展规划》的号召，全力发展智能教育，积极面对新的技术带来的机会和新的挑战。促进从教育的专用资源面向大资源的转变、从提高老师和学生的信息技术使用的能力向全面提高他们信息技术素养的转变、从组合其他应用向创新的转变[30]。

县（区）域新型智慧城市建设研究与规划

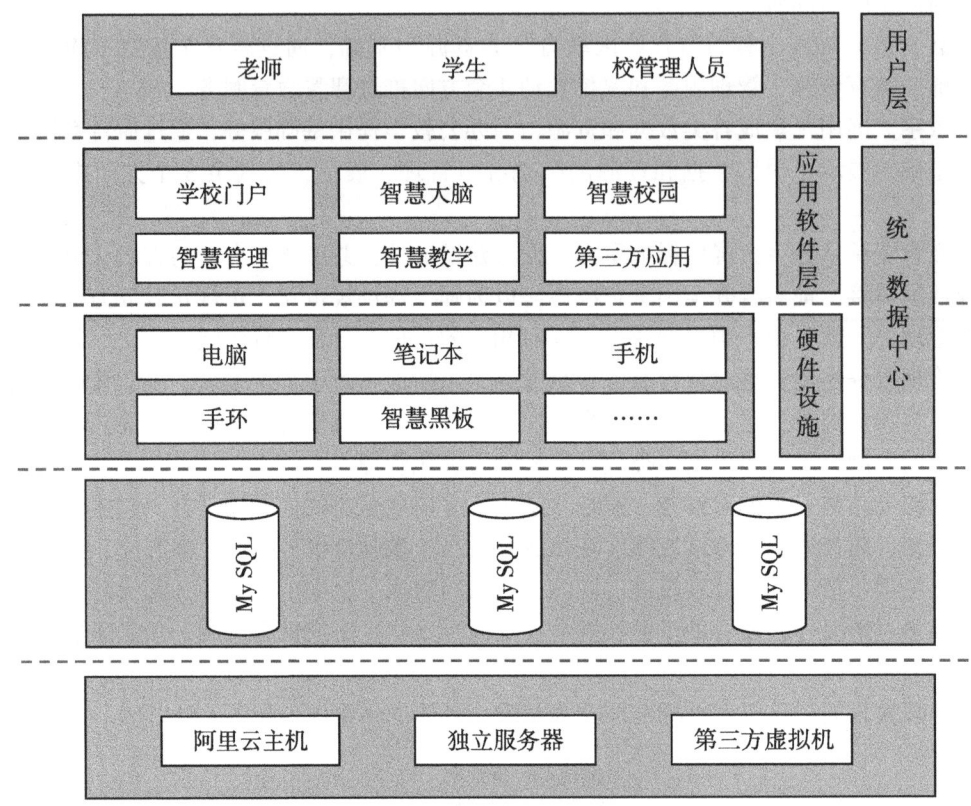

图 6-12 县（区）域智慧校园应用系统架构

（2）功能介绍。县（区）域智慧校园应用系统在表示集成上，体现为数据可视化管理平台，通过全栈数据服务，并辅以数据安全、网络安全、信息安全等可信安全技术，充分挖掘全业务流程数据价值，实现学校运营管理的科学化决策、一体化协作和常态化反馈。系统主体功能如下。

发展性评价，包含学生的发展性评价、教师发展性评价和学校发展性评价，其中，学生的发展性评价支持评价指标的个性化选择、组合与权重设置，对学生学习成果的全面记录与综合评价，支持基于档案袋数据的学生成长报告的自动生成，能对学生学业短板诊断及学业优势识别和基于多维数据的学生画像及成长预警。教师的发展性评价，支持评价指标的个性化选择、组合与权重设置，支持教师教学教研成果的全面记录与综合评价，支持基于档案袋数据的教师专业发展报告的自动生成，支持教师教学质量的精准评价及问题诊断，支持基于多维数据的教师画像及专业发展预警。学校发展性评价，支持学校基础数据交换共享及多种形式的报表统计与生成，支持课程实施和教学质量的分析评估，支持校情的动态监控、综合分析与可视化呈现，支持数据驱动的学校发展评估与科学决策。

智慧教室，通过改造声、光、空气等教学基础环境，提升教学效果。例如，实现窗帘、空调、灯光和多媒体的智能控制；无线投屏、课堂互动教学、可视化教学；智能显示终端、智能白板、LED 护眼照明；集成智能教学视频互动采集终端和空间管理智能化终端设备等。

教务管理功能，实现管理人员对教学的检查与评估，支持设置角色管理员和在线评教管理员，支持新增、删除、复制和二次编辑评价表，编辑评价表标题和内部评价项。支持管理员管理评教活动，包括查看评价列表、新建评教、编辑评教、删除评教。新建评教设置包括评教时间、评教监督人、评价范围。支持以班级为单位统计参评教师得分和名次，管理员可查看班级、年级评教进度的明细；以短信的形式对未评价学生名单发送班主任。支持按照分数段、年级、学科统计人数并形成统计图；能够导出统计表。支持教师在评教结束后查看评价结果详细信息的数据和报表，至少包括教师整体得分分析、教师每道题得分分析、学生（家长）评分详情。学生及家长收到评教的任务列表，查看列表详情，并在线参与评教。

线上考勤系统，使课堂通过扫描有效时间的二维码或者输入限时指令进行签到，让时间精确到秒，在节约时间的同时，也有效避免他人代为签到的问题，为教育教学工作开展提供了巨大帮助，提高教学时间利用率，点名、缺勤、迟到情况清晰明了，有效提高出勤率和上课积极性，提升教育教学水平。下课后，老师通过基础数据库调用本月的上课记录，可以正确识别全班同学的考勤情况。

大数据智能管理系统，对数据进行深度挖掘，提供大数据与深度学习知识库；在线建模、模型试验及模型管理；数据采集提供多种类数据支持、多频次高效采集、采集任务在线监控；数据预处理可视化操作，全程实时监控；分布式数据存储，多个自主的处理单元分而治之；丰富的数据格式存储，配合用户管理、资源管理实现权限分配及数据管理；采用分布式架构，支持各类海量数据加密脱敏等防护机制，保障数据安全。智慧教育大数据管理平台的结构设计如图 6-13 所示。

图 6-13 县（区）域智慧教育大数据管理平台结构

智能访客系统，进出学校人员登记，通过电子识别器识别来学校造访人员的有效证件，获取访客的个人信息，代替以前用人工查看身份证件以及记录离开时间等一系列程序，解放人力，大幅加快访客登记流程。

3. 系统带来的效益

县（区）域智慧校园应用系统，充分利用人工智能（AI）、大数据分析、虚拟现实/增强现实（VR/AR）、物联网等技术，搭建基础平台与集成支撑平台，可以加强现有各应用系统之间的关联性，将各应用系统数据进行融合，实现数据标准统一、信息实时共享、协同交互能力，使教育教学资源得到高效利用，提高学校智能化建设水平，为师生提供一个高效、安全、健康的教育教学环境。同时，基于学校数据中台存储的数据，对相关数据进行整合，利用大数据技术整理和分析，可以为学生提供更好的双创服务。另外，系统将教学环境、资源与教学过程进行数据化融合，实现将教学重点转向学生核心素养与创新能力的培养。建立覆盖统一标准的县（区）域级上下联动资源共享平台，可有效推动政务、教育信息资源共享整合，打破县（区）域级学校数据壁垒，实现精准数据采集，补充教育数据的标准性和规范性，进一步促进政务数据的共享，为优化业务管理和公共服务提供可靠支持。县（区）域智慧校园应用系统建设可以有效推进教育专用、教育大资源到师生信息技术应用能力的提高，并协调应用的新发展趋势，努力建造基于互联网+的人才培养新趋势，以及完成基于互联网发展的教育服务模式的信息化新时代。

（八）县（区）域智慧园区应用

随着经济的长足发展，现代园区开发已经不同于传统的发展思路，要想在激烈的竞争中保持持续性发展，就必须积极应对新背景对园区产业的技术含量、增值业务等提出的更高的要求。突破传统园区发展方法，在重点行业的业务特点基础上着重建设具有现代化特点的园区。随着园区商业空间的不断升级，传统的 IBMS 已无法满足园区空间智慧化运维管理单方成本投入高、数字化精细化管理、设备设施场景多样等新挑战，以及更高的空间运营管理需求，只有全面系统协同商业空间运营，智能精细运维模式才能在严峻的商业环境下保持可持续发展。

同时，信息化时代飞速发展使得数据信息呈指数倍增长，想要在众多繁杂的数据中调取有效信息变得异常困难，不得不增设专业人员进行专门管理，相应的成本也会增长。园区管理所涉及的信息资源较多、信息流转也较快，对于日常运维过程中难免发生的各项故障，若不及时处理，可能会给园区带来极大损失。同时，安防警报、园区楼控、电梯管理、消防预警、办公管理等系统相互独立，各信息化系统之间的信息互联难度和沟通成本过高，也是导致园区整体运维效率低的重要因素。

1. 系统建设内容

（1）行业痛点。园区中的违规现象较多、分散、目标小，难取证，比如园区中遛狗的问题。如果采用人工巡逻，会造成成本高、效率低的问题。普通监控归属较为分散，且没有报警预警功能。数据统计不成体系，且没有统一的分析架构。

（2）建设目标。县（区）域智慧园区应用系统，采用边云协同的架构方式，搭建技术赋能场景应用的智慧型园区。系统结合 GIS 地图、倾斜摄影、BIM 模型和单物品模型，通过 3D 展示技术实现城市全景展示、园区地理位置、楼房室内布局的 3D 可视化，用数据重塑商业空间的智慧运维和管理，移动化、集团化、业务化。以物联网平台方式连接商业空间的全量设备，提取数据，沉淀标准，打破系统孤岛、项目孤岛。集成运维管理系统，对园区、资产、人员、设备等进行管理，有效降低运维成本，提高管理效率。同时，保障系统扩展性，根据各行各业态空间实时扩展与配置。智慧园区应用的建设目标如图 6-14 所示。

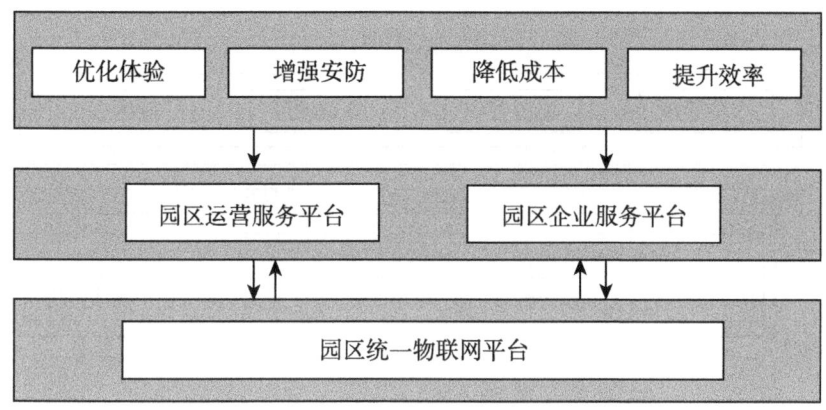

图 6-14　县（区）域智慧园区应用建设目标

2. 系统简介

（1）系统架构。县（区）域智慧园区应用系统着力于看、管、控、研 4 个角度。一是"看"，建设可视化分布运营管理系统，日常管理"一看便知"，可提供个性化功能扩展接口。二是"管"，结合实际业务场景，通过三维建模、数据模型融合等数据集成方式进行业务管理。三是"控"，优化业务流程，将各级操作人员的管理工作和业务开展模式由线下转为线上，大多数日常功能可"流水线"式便捷完成，实现日常业务开展的高效化运行。四是"研"，搭建数据中台、算法模型、信息感知等创新试点工作，为后续县（区）域智慧园区大数据平台建设积累经验。智慧园区应用系统的建设框架如图 6-15 所示。

（2）功能介绍。县（区）域智慧园区应用，采用物联网技术和 3D 可视化技术，同时结合 BIM 模型和单物品模型，通过 3D 展示技术实现园区全景展示、园区地理位置、楼房室内布局的 3D 可视化，以物联网平台方式连接园区的空调、感应门、空气盒子、窗帘、门禁等设备，提取数据。及时有效地对设备运行状况进行监管，同时在设备掉线，突发情况的处理，降低园区设备维护人力、物力成本和减少浪费等方面提供数据支持与系统保障。资产部门可实现设备管理的智能化，提高设备使用率、配置率等管理优化，同时应用后台支持查看详细历史应用数据，提高闲置设备利用率，做到设备管理的业务智能化与数据可视化。

图 6-16 为某商业楼宇房间窗帘设施的状态展示，可直接在平台页面管理操控整栋楼设备，利用平台管理园区所有设备，节省人力、物力，及时掌握其位置情况，用户可通过后台系统快速获知所需设备位置，用于紧急情况下的资产设备快速查找。园区设备管理部门也能实现设备的高效智能化管理，实现设备管理可视化；设备实时状态数字化展示，随时获取查看各设备运作信息。通过将园区设备信息化系统建立"一个中心、一个平台、一站式服务"，用主动的管理服务替代传统的被动式设备管理服务。智慧园区资产管理如图 6-16 所示。

设定规则。设定规则时对设备运作时间及状态的统一管理，除系统设计的工作模式、午休模式、四季作息模式等几个情景模式外，同时对用户开放规则自定义权限，自

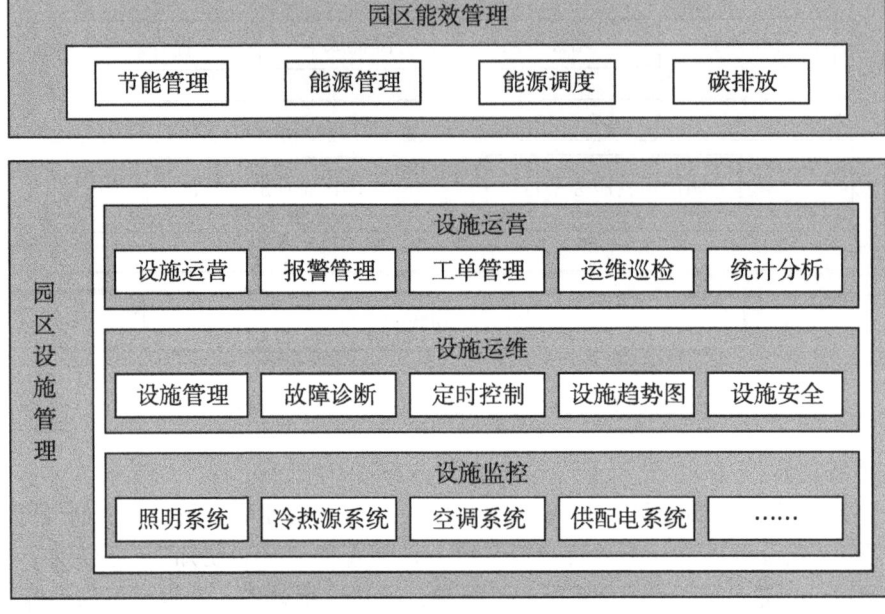

图6-15 县（区）域智慧园区应用系统架构

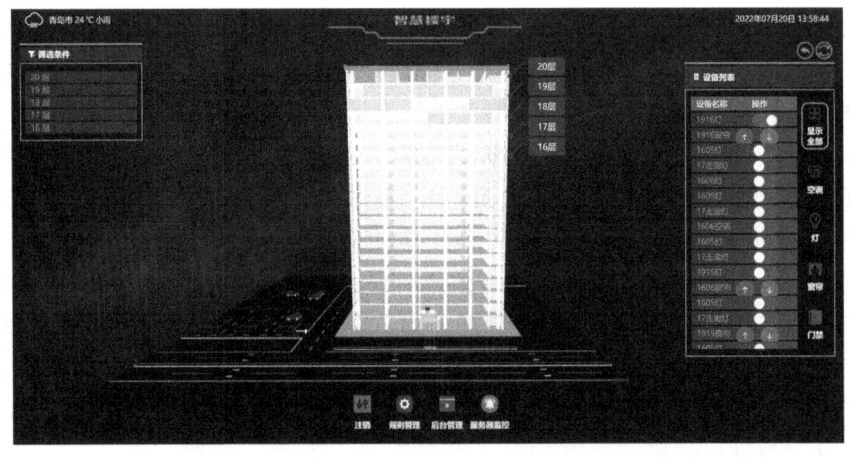

图6-16 县（区）域智慧园区应用——资产管理

主设置设备运作周期，如：×××号房间空调工作日8时开启，18时关闭。定时任务，设定某些设备在特定情况下执行某些动作，由用户自定义完成。智慧园区规则设置如图6-17所示。

报警分为定时报警、检测报警两种，定时报警为用户自定义设备任务，例如用户设备每日22时检测园区内是否有未关闭状态的设备，有就强制关闭；检测报警是设备主动发起的报警，例如预先设定空气盒子检测室温超过28℃就发起一条报警通知，同时触发设备规则对空调的约束，降低空调制冷温度，从而降低室内温度，保证舒适的工作环境。

图 6-17　县（区）域智慧园区应用——规则设置

智能水电管理，通过打通第三方智能水电表，可实现物业远程抄表，水电账单智能计算，水电公摊自定义，峰谷电、能耗统计等多场景业务需求。智能水电管理在未给园区的办公带来消极影响的情况下，通过管理平台把水电等各种能源的消耗减少到最低的程度，同时在园区楼层能源使用的数据分析的基础上，提升各用户对自身能源使用情况的关注度和了解度，从而确立单位节能方案，节约电源，减少二氧化碳的排放，为建筑和园区领域双碳目标的实现提供支撑，助力社会可持续发展，共创行业新价值。

会议室预约管理，通过微信小程序，一键查询园区内所有办公室状态，自主预约，跟踪会议室使用情况，节省用户时间，同时提高会议室利用率。

平台后端数据设计，深度挖掘数据应用，强化数据中心和云服务中心建设，提供更优的数据互通共享服务，确保子系统间独立运作，同时后台数据可以互联互通，形成统一的数据库，使园区内各个子系统间达到数据共享，实现业务协同以及决策支撑，有效提高园区管理者的管理水平。智慧园区数据结构设计如图 6-18 所示。

3. 系统带来的效益

县（区）域智慧园区应用系统突破传统园区（产业园、商业楼宇等）的建设运营方式，引进了最先进的运营理念以及信息技术，通过 GIS 与四层树形框架的结合，对园区进行全要素三维展示，将二维、三维数据有机联合，同时使各系统数据信息统一运筹，可管控，给园区的资产管理、运维管理、生产管理、人员管理、安防监控、环境监测、能耗水耗监测等相关管理提供有力支撑，大大提升了园区运维管理效率。为园区全面洞察、安全生产、实时运维，提供全方位一体化管理平台，真正意义上实现了园区的服务和管理的突破，不仅吸引高新企业入驻，而且最终实现智慧园区产业结构的升级。

县（区）域智慧园区应用系统使用先进的云计算和物联网技术，把硬件资源进行数据上云等数字化处理，在减少园区运营成本的同时，使入驻的企业也感受到快捷优秀的服务，提升园区知名度，对园区招商宣传起到良好推动作用，最终实现良性循环。传统产业园区中，水电、煤气、交通、建筑等硬件设施普遍存在一定的信息化基础，另外，园区公共上云服务和管理应用服务的建立，可以有效提升整个园区运营管理水平，

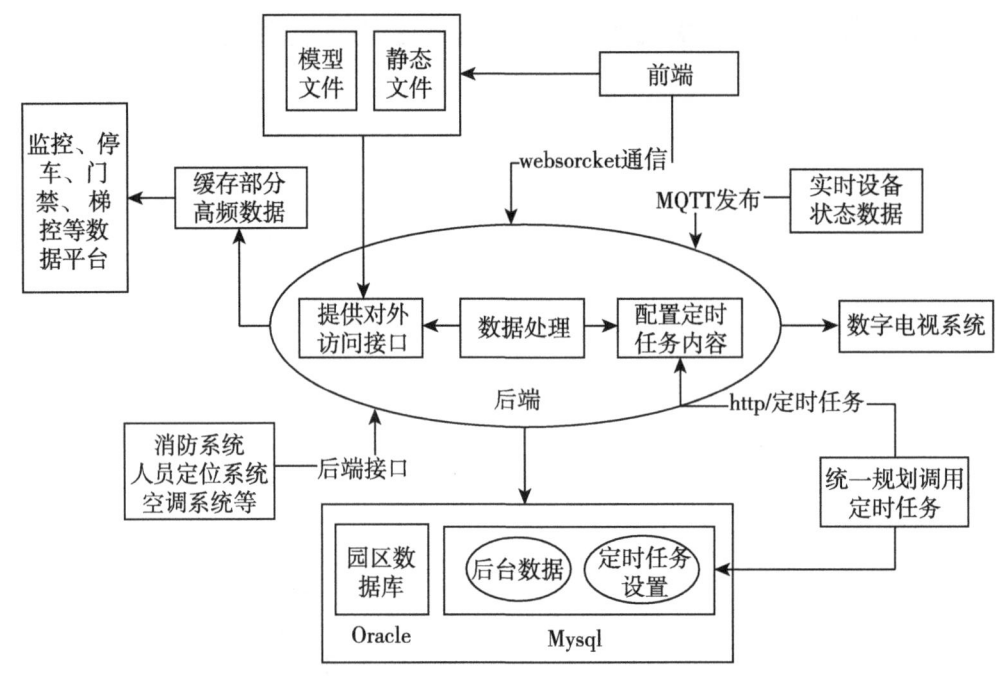

图 6-18 县（区）域智慧园区应用——平台后端数据设计架构

推动园区实现智能化服务。

县（区）域智慧园区应用系统不仅为园区的民众和各个企业提供一种共享服务，还通过平台提供各种便捷的云服务管理服务，全面提高园区的运营管理水平和服务质量，为园区可持续运营发展提供有效保障。应用 BIM、Big Data、IOT 等技术，整合园区资源，合理配置信息化资源，实现基础设施的数据化，做到精细化的运营管理、专业化的公共服务，推动产业智能化发展，使管理服务更高效、更便捷。园区管理的智能化、信息化使得企业信息化水平，企业办公效率，企业竞争力得到显著提升，同时对降低企业运营成本有显著成效。通过县（区）域智慧园区建设，可实现县（区）域传统园区服务和管理的数字化升级，帮助园区内企业高速成长，极大提高园区服务质量和品牌力，实现持续运营和品牌升级。

（九）县（区）域智慧医院应用

智慧医院是信息化医院建设的更高阶段，具有较高的信息综合应用和智能化水平。在国家政策引导下，县（区）域智慧医院建设在信息深度共享和业务深度协同的基础上，广泛应用新一代信息通信技术（ICT），以便民惠医为理念，以居民的健康需求为导向，在现有平台基础上，整合所有医疗相关数据，如医保、社保等，构建完整的医疗全量数据库，提高医疗服务的智慧化水平。

县（区）域智慧医院 BIM 平台旨在将服务与管理集成起来，以通过 3D 模型展示医院实时数据为中心，为访客提供可视化的医院"智慧服务"，结合医院内部的各个组成系统，例如院内人员定位系统、病患呼叫系统、门禁系统、病房管理系统、闭路视频监控系统、数字电视系统、安防告警系统,将平台完善为一个综合的智慧医院管理与展示平台。

1. 系统建设内容

(1)行业痛点。目前医院没有完善的住院患者统计、院区呼叫、停车场使用情况、园区设备统计、安防警报数据等实时数据的图表化展示以及数字大屏对医院进行统筹管理。医院的设备种类复杂多样且数量繁多,设备位置杂乱无序,缺少对设备的体系化管理;呼叫报警种类多样,人员调动被动,服务被动;医院体系楼栋多,统计型数据不直观等特点。

(2)建设目标。设备分类分单位统计,设备体系将分为监控系统、呼叫系统、门禁系统、人员定位系统、数字电视系统、安放告警系统6个子系统分类管理,再进一步按楼栋、楼层、房间对各子系统做单位化拆分,进而通过平台对每个设备进行"智能管理"。及时有效地对设备运行状况进行监管,同时在设备掉线、突发情况的处理、降低医院运营成本和减少浪费等方面提供数据支持与系统保障。

设备在线离线统计,设备地理信息、运行状态信息,播放设备视频流,将现实设备与模型点位一一对应,利用平台管理园区所有设备,节省人力、物力,及时掌握其位置情况,医护人员可通过系统管理后台,快速获取设备位置信息,有效应用于紧急情况下的资产设备快速查找。设备管理部门也能实现设备的高效智能化管理,同时在后台可查看详细历史记录和使用数据,可有效提高闲置设备(医疗器械等)的利用率,做到设备管理的可视化提升,设备实时状态数字化展示,随时获取查看各设备运作信息。通过医院设备信息化系统建立"一个中心、一个平台、一站式服务",将设备管理被动式的服务转变为主动式服务。

用户自定义修改设备维保、设备到期维保提醒功能,设备维保历史情况查询功能。将设备保障被动式的服务转变为主动式服务,建立完整的设备使用生命周期管理解决方案,实时查看设备运转情况,实时查看历史事件。各项可视化提及报表,有效帮助医院资产管理者简化工作程序,使工作清晰化、流程更优化,实现科学、规范和有效的资产管理,做到为临床科室提供更优质的保障服务,构建规范化、科学化、专业化、标准化的统一设备保障体系。

呼叫管理,呼叫有正常呼叫、增援呼叫、紧急呼叫三种,分别用白色、绿色、红色加以区分,有呼叫时,呼叫位置模型对应房间高亮报警;呼叫分为医院整体和单独楼层两个模块以供不同人员使用。对于未得到及时响应的呼叫可以立即安排邻近医护人员前去查看,为患者安全提供可靠的辅助手段,帮助医护人员提高工作效率和准确率。对突发情况的处理、提高医护人员呼叫响应效率和减少浪费等方面提供数据支持与系统保障。

消防报警、安防报警、室外监控报警以绿色、红色、蓝色区分,提供报警模型定位功能用于锁定报警点。通过可视化医院物联网,实现医生、护士、工作人员的移动式报警接收,根据位置和现场视频提前判断,并及时赶到事发地点,做应急处理。

病房病例管理子系统提供病房统计、病房入住情况及其病例详情。病房病例管理子系统是考虑到病患住院和医护查房这两种常见且重要性十足的应用场景,从医护进行体征检查和医嘱录入，配液的管理，输液的管理，定时配药管理，换床的处理，以及理疗管理等进行设计，降低医护人员工作失误。同时病房病例管理方便住院患者呼叫护士/医生，获取入院须知、病理宣教，并便捷查询住院信息，通过系统原生的患者信息系统功能模块，对全院精细化管理、科研数据提供有效服务。

2. 系统简介

（1）功能介绍。县（区）域智慧医院系统的多种设备管理系统，由门禁系统、人员定位系统、数字电视系统、安防告警系统、病房病例系统、闭路视频监控系统、呼叫系统、电梯管理系统、停车场管理系统九大管理系统组成，同时运用3D建模技术对全院进行全方位细致建模，通过三维地图可视化到具体楼层和房间。门禁系统、监控系统、呼叫系统、人员定位系统、数字电视系统、安防告警系统6个设备管理子系统采用网格化模式将室内多种设备进行可视化与统一管理维护，及时有效地对设备运行状况进行监管，解决了传统室内设备种类杂乱以及各设备相互独立无法统一管理的问题；为解决传统的通过消耗人力、物力实时检查监控各房间设备的运作状况问题，采用物联网技术和3D可视化技术将显示设备影射到模型上，实现现实与模型的一一对应，提高用户体验，达到用户可以同时掌握各类设备系统的设备运作情况并控制设备的目的。

院区监控设备统计，图6-19为某一楼层的监控设备列表展示，可以便捷地找到目标监控设备，对于设备的运作状态也可以轻松掌握，便于维护维修，选中某一具体监控设备后可以读取到该设备编号、设备区域、设备运行状态并播放实时监控视频。

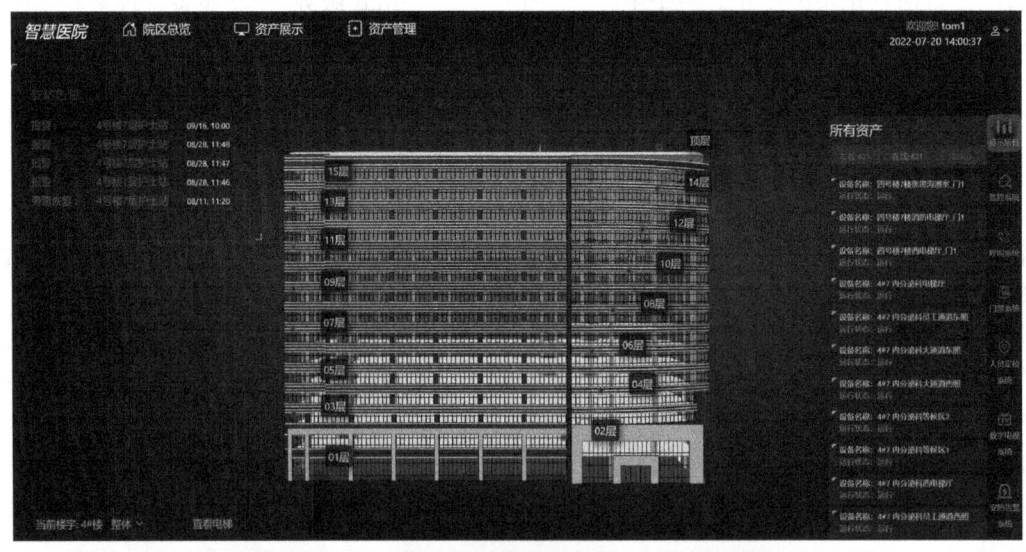

图6-19 县（区）域智慧医院应用——监控系统集成

在首页点击呼叫数据后会同步更新当前的呼叫数据，并在医院模型上显示呼叫所处的具体位置，在进入单体模型和单层模型后左侧会实时更新弹出该楼栋或者该楼层的实时呼叫数据，并且模型对应点高亮响应。智慧医院呼叫系统如图6-20所示。

在单层模型中点击门禁设备，会在模型上展示出安防设备的具体安装位置，并且同

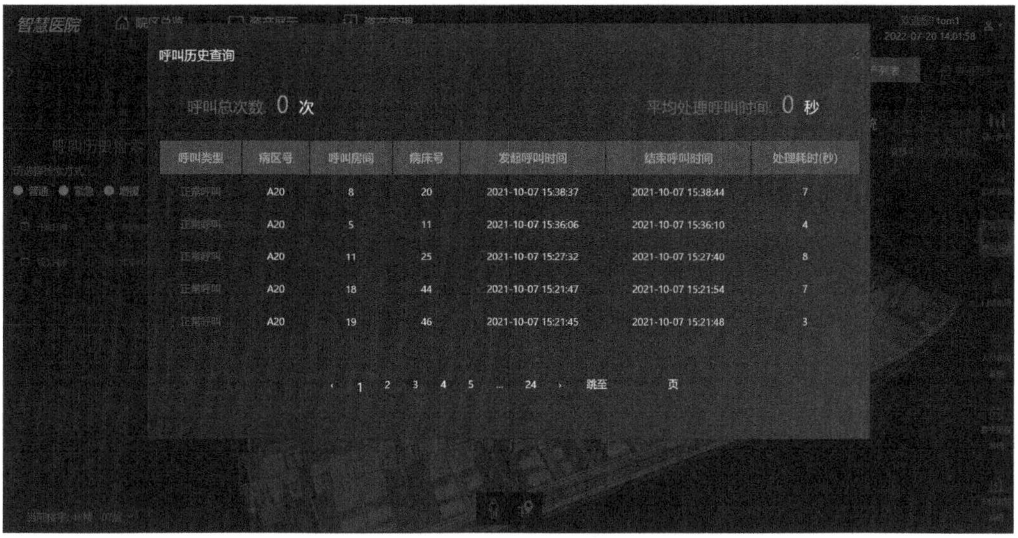

图 6-20　县（区）域智慧医院应用——呼叫系统

步门禁的具体数据，展示门禁状态信息，并且可观察该门禁关联监控设备的实时监控画面。智慧医院门禁系统如图 6-21 所示。

图 6-21　县（区）域智慧医院应用——门禁系统

安防警告系统。在首页点击报警数据后会同步更新当前的报警数据，并在医院模型上显示呼叫所处的具体位置；在二级首页，左下角会实时同步全院的安防告警事件，并针对不同的报警事件加以颜色区分。在进入单体建筑页面，左上角会实时同步该楼栋的所有报警事件，也会针对不同的报警事件加以颜色区分。智慧园区安防系统如图 6-22 所示。

病房病例系统。在单层模型页面，房间列表中包含病房分类，进入此分类可以看到

图 6-22　县（区）域智慧医院应用——安防警告系统

该楼层的病房使用情况。也可以查看每一个具体病房的使用情况，包括每一个病床上的病人具体信息。也可直接对该楼层的病人信息进行快速检索。智慧医院病房管理如图 6-23 所示。

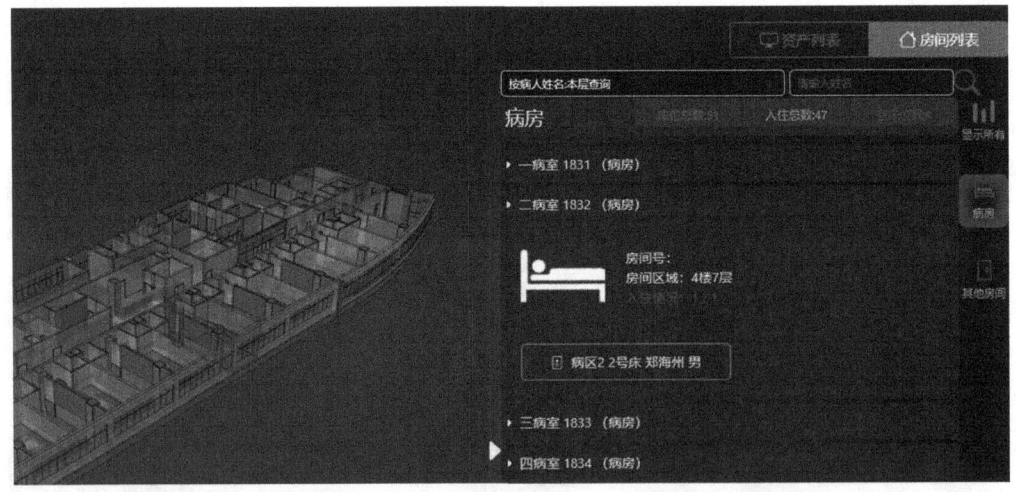

图 6-23　县（区）域智慧医院应用——病房病例系统

设备信息系统。在单层模型页面，点击资产展示可以实时查看设备的在线状态，点击对应设备，可以查看设备的具体安装位置，并且查看设备的具体信息。点击资产管理页面，可以添加对应的资产设备，设置资产添加对应点位，并且设置资产的维保日期数据。点击设备的图标可对设备的维保信息修改，在资产维保页面中对即将过期设备进行进一步操作。并且支持对历史维保信息的全条件查询。智慧医院设备管理如图 6-24 所示。

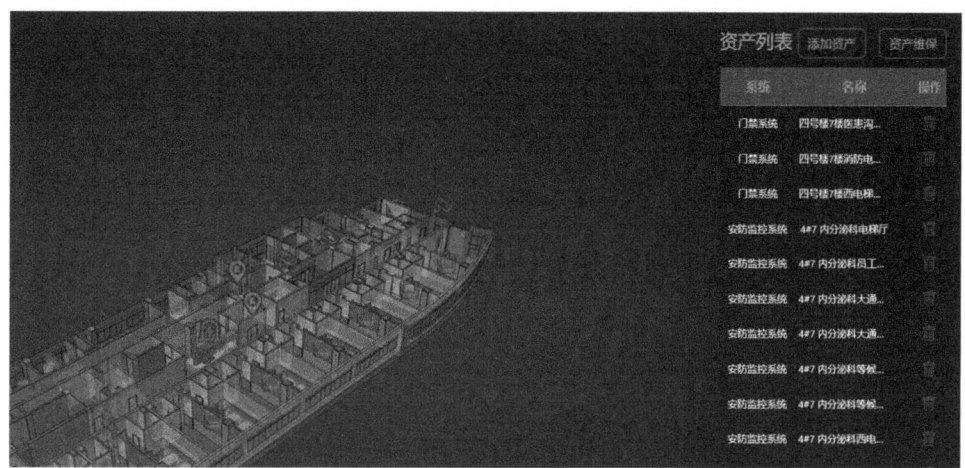

图 6-24 县（区）域智慧医院应用——设备信息系统

停车管理系统。点击地下室整体模型上的楼层标签，可进入对应楼层的地下停车场页面。地下停车场页面以地下停车场的模型作为页面中心，包含电气、给排水、医用、消防、暖通、天花板、墙体等细致模型划分，并可针对各部分模型进行显隐。上方滚动停车场的车位使用情况实时数据；左上角为各类型模型标签控制模型显隐；左侧可以通过车牌、车位、进出日期等对车辆进行检索。右侧为该停车场的设备信息列表。智慧医院停车管理如图 6-25 所示。

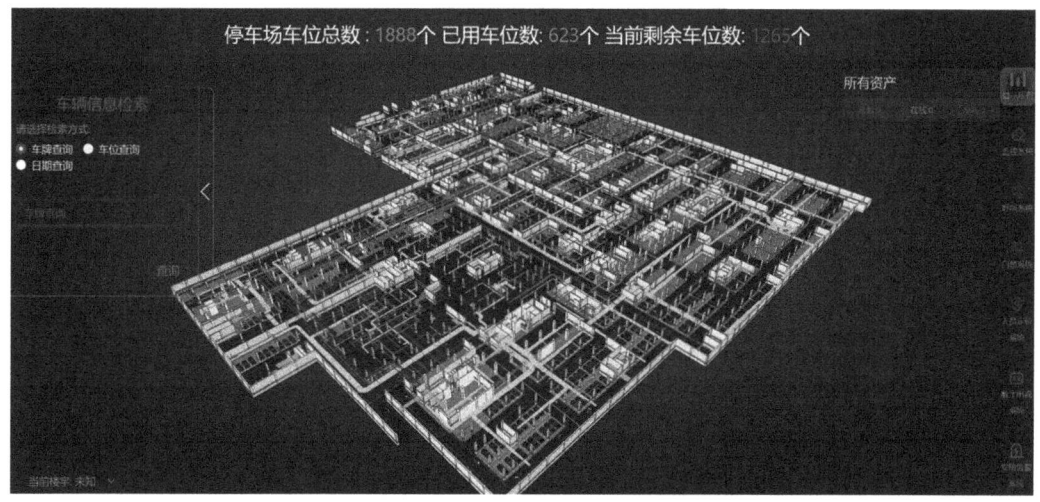

图 6-25 县（区）域智慧医院应用——停车管理系统

电梯运行状态系统。在单体模型页面，点击下方的查看电梯按钮，进入电梯查看系统。同时整个单体建筑模型实时查看该楼栋的电梯的运行状态。智慧医院电梯管理如图 6-26 所示。

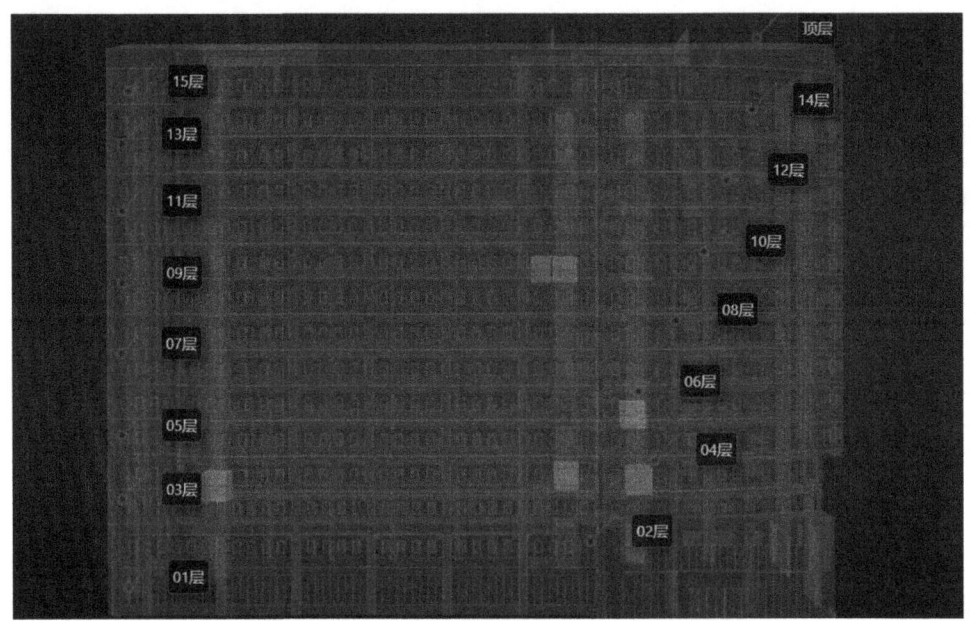

图 6-26　县（区）域智慧医院应用——电梯运行状态系统

3. 系统带来的收益

县（区）域智慧医院应用建设，基于全区信息库中的居民医疗信息，以及整合后的医疗全量数据库，为智慧医院管理系统提供相关数据，进行云存储、分享以及大数据分析、针对性分析。通过例如对医疗机构的资质核验，允许居民上传医学检验的结果，以便居民在其他医院进行后续治疗和随诊。同时，通过医院联合共享平台，建立医疗机构间的联系，帮助随诊机构进行准确判断等，提升医疗机构之间的分级诊疗与协同服务能力。在平台内完成转诊的提交和审核，减少线下的路程时间，同时为协同诊疗提供信息化支撑，进一步提升医疗机构的服务能力。

县（区）域智慧医院应用通过大数据和地图信息的结合，动态、立体地展示全区卫生健康安全动态运行情况，以便利用大数据进行疾病防控分析，进行相应的应急措施部署和预案。同时，可以通过数据资源的加工和挖掘，对公共卫生、医疗服务、药品管理等进行指导和应用，以便提供更有针对性的服务。同时，县（区）域智慧医院应用满足医院运营管理系统指标体系要求，对医院精密化管理起到推动作用。另外，通过构建分级诊疗协作平台，可有效推动县（区）域内不同医院（医疗机构）间的协作，借助移动互联网和物联网等辅助技术，衍生多类移动终端应用，实现便捷、高效的惠诊体验，全面推进县（区）域医院智慧化建设。

（十）县（区）域智慧停车应用

县（区）域智慧停车应用平台是推进山东省地方标准《新型智慧城市评价指标第二部分：县级指标》的具体实施计划，以"整合、协同、互联、共享"为原则，继续建设感知基础设施和网络基础设施及云计算中心，进一步扩大县（区）域级城市基础设施感知设备规模,实现全范围覆盖的视频感知网络体系、GPS 感知网、无线感知网、数字集群网等感知网络建设,以县(区)域级数据中心为对象,针对政府企业和市民服务的县(区)域级云计算和针对特定领域的行业云计算服务体系提供云基础服务、云平台服务和云应用服务[26]。

"互联网+"智慧停车平台将公共资源管理配置集成到平台,对大数据和云平台得到的数据进行整合和分析,然后在平台和应用中做具象化的展示。通过宏观调控减少资源浪费,分部门、分地区展示公共资源数据,依据需求量的不同,采用分时分区的方式供应资源,对不同的级别和负责方向进行针对性的提示和高亮,优化资源配置率,提高资源利用率和有效性,将资源分配在最需要的地方;坚持特殊资源特别管理和利用,打造对应的子平台,结合使用方式进行特殊的资源开放和利用,提高办事效率。

1. 系统建设内容

(1)行业痛点。特殊停车位不宜寻找,比如宽大型停车位,充电桩车位以及新手停车位等。异常车辆软件处理不善,易出现"逃单"问题。高峰期停车位难寻以及反向寻车难,停车场"拥堵"状况,导致难进难出,而且车位得不到充分利用。特殊放行不能远程云端处理。缴费机现金假钞识别度低。提供发票流程烦琐,甚至无法提供。无牌车管理及收费管理难等。

(2)建设目标。县(区)域智慧停车应用的建设方向主要以更贴近群众生活、更熟悉业务、更多系统整合、更多信息普及为目标,更加细节和全面地与居民生活接轨,将智慧停车送到群众身边。对决策制定者和政府工作人员来说,县(区)域智慧停车与市级智慧停车的建设最大的不同在于其细致程度更高,具有更细节的服务和政务处理,更细微的调控和资源管理。

打造县(区)域智慧停车应用运行监控中心,通过数据挖掘和分析,将数据层、平台层传输的数据动态显示,以状态运行监测为中心,社区、街道作为横向展开,模块、服务作为纵向展开,数据共享,业务互联,为决策者提供统一的观察切口。具体形式以数字大屏展示、部门监测平台、各个子功能平台等形式展开,提供无感支付、停车位导航、反向寻车等多种服务,提升用户停车、取车及停车费支付等日常生活常见功能体验性。

2. 系统简介

(1)系统架构。智慧停车系统的内容不只是对车辆进出管理的简单执行,还包括车位监测、停车引导、车场数据可视化、停车订单管理等多个业务系统。具体的智慧停车应用系统结构如图 6-27 所示。

(2)功能介绍。县(区)域智慧停车应用系统主要包含以下模块。

出入口管理收费功能,小程序及手机 App 提供停车费电子支付、车位余量显示、停车费查询等功能,功能安全可靠,不泄露 CRM 后台数据,为用户提供可靠的技术支持;以停车场以及手机移动应用为载体,实施会员制停车制度,通过积分兑换券、凭积分参与商场的打折营销手段及商场的营销活动,削弱停车场的收费职能,提升停车场的运营管理功能,为商家增加消费人流、提升车主的购物体验,为运营方创造出新的营销手段。

| 应用层 | App | 微信小程序 | 支付宝小程序 | 大屏 | Web端 |

A-PaaS					
	停车场管理	车位管理	支付模块	设备管理	优惠策略
	数据模型	车场导航	反向寻车	实时监控	车辆管理
	数据可视化	通知消息	订单管理	账户管理	运维管理
	停车计时	发票管理	定价管理	API	其他

| 数据层 | 车位资源数据 | 停车订单数据 | 用户支付数据 | 平台运维数据 | 第三方数据 |

通信层			
	设备接入	消息管理	设备身份认证
	规则引擎	网络管理	设备影子

| 网络层 | 车位资源数据 | 用户支付数据 | 停车交易数据 |

感知层			
	地磁	车位锁	读卡器
	摄像头	车辆识别一体机	停车场道闸

图6-27 县（区）域智慧停车应用系统结构

停车引导功能，包含现有车位的类型显示（临时/专用），空余车位状态显示，空余车位自动导引等功能，用户提前在线选择预定自己喜欢的车位，然后按照程序指定的路线行驶，找到自己的车位，解决了线下人工管理时停错车位，导致收费混乱问题；其次车位类型的显示为各类用户提供多样化选择，对于新手司机会有专属的新手车位，易进易出，对于宽大型需要特殊车位的汽车也会有显示，用户可以清晰了解附近的停车场是否有此等车位，免去寻找的过程；另外系统可与市级/县（区）域车位引导系统联网，全市/县（区）域覆盖式查找，减少冗余流程，高效解决线下调查难题。

反向寻车功能，有效避免车主返回复杂停车场时，由于停车场过大或者对停车场不熟悉而找不到车的问题，系统引导用户快速找到自己停放车的车位。用户登录小程序，通过安装在停车场内的无线定位系统，使用手机小程序进行车位定位，定位后通过反向寻车功能可显示车辆定位的位置以及当前位置前往停车位置的路线图，大大缩短车主寻车时间，提升用户满意度，同时加快停车场车位周转，提高使用率和收入。

车位分时共享功能，对车位进行分时共享，提高了车辆的周转率，给用户提供了便捷的车位共享方式，享受车位共享便利。数据分析精准布点，优化资源利用和配置，完善企业数据，分析用户画像，风险控制，帮助企业制定合理的运营车场分布，迅速布点、抢占市场、降低运营成本。

数据同步共享功能，县（区）域智慧停车应用系统依托超声波车位探测、微电脑实时控制、LED动态显示等技术支持，在各出入口接入网络，通过车牌识别，实时检测进出车辆，保持停车场重要数据一致性，实时掌握停车场内车位使用情况信息和车辆数量信息，实时更新停车场最新状态到平台，引导车主便捷寻找车位；当网络处于离线状态时，系统进入脱机状态，仍然可以正常运转，当网络重新连通完毕，数据会自动上传、同步以及更新；实现县（区）域内所有停车场的数据联网与共享，搭建智慧停车大数据平台。

无感支付的功能，采用微信、支付宝的无感支付，为车主提供无感支付、扫码支付等多种支付方式，为企业提供清分结算、交易管理、账务管理、收支管理等资金管理工具，提高支付效率，减少运营人力投入，快捷可靠、账务清晰。同时结合微信、支付宝等第三方支付服务提供商的强大资金管理能力、可靠的车牌识别能力，以及欠款追缴手段（合法条件下），大幅增强管理水平。

开放共享功能。平台支持依据不同客户的个性化需求，进行数据共享，平台的开放性可以支持和其他平台灵活接通，数据实时共享、能力集成，通过物联网与移动互联网相结合的一体化管理、海量多源异构数据联网，提高县（区）域智慧停车的运营管理效率，实现城市级智慧停车服务联通。

数据智能处理功能。以城市静态交通数据资源库为基础，智能分析泊位周转率、停车流量、停车时长等关键指数。

辅助决策功能。根据数据智能处理结果，对停车分时/分地流量、停车场扩容、停车场规划等决策项进行智能化预测，与停车设备厂商、停车运营厂商等产业链中的多家厂商达成合作，辅助城市管理者决策规划，提升城市停车生态系统运行效率。

服务能力可线性拓展。支持根据接入视频路数，解决前端设备由于算法能力，难以支持一些复杂场景下车流周转的问题；支持多种部署形态，平台为满足不同客户的不同部署要求，支持公有、私有、混合云等多种部署形态；服务高可用、数据高可靠，三控制节点，单点故障功能不受影响，数据三备份，单点故障数据可恢复。

3. 系统带来的效益

县（区）域智慧停车应用系统具有逻辑缜密的权限控制系统，在保证数据交互效率的前提下，可以保证每一个用户对每一种资源的每一个控制权限的细致分配。保证了方便快捷的前提下，即实现了对于权限的细致完整控制，也保证了数据交换效率在可接受的范围内。

统一权限与身份认证平台，保障了用户使用整个县（区）域智慧停车应用平台的各个子系统时，身份角色的实时性以及一致性，避免多个系统导致的数据隔离；既可以避免因为多个系统之间数据交互问题导致的用户身份不一致及用户数据大量重复，又可以保证用户数据可以得到充分利用，资源得到统一的调配和规划。

系统安全可靠性高，口令通过不可逆的传输加密和存储加密，保证了用户口令不会在客户端和服务端泄露；令牌通过服务器的私钥进行签发校验，保证了口令不会被攻击者冒充发布；令牌具有唯一认证标识，避免了攻击者的重放攻击；完整的权限控制系统，保证了每种资源的使用安全；系统在进行数据传输的过程中，使用 HTTPS 方式的数据进行加密传输，防止数据传输过程中的监听以及分析。

县（区）域智慧停车应用系统为用户企业提供软件平台的应用服务、SaaS 化部署服务、软硬件联调的系统集成实施服务，提供用户车库全方位监控服务、车位实时查询、停车订单快捷生成、辅助停车巡检管理等运营功能，有效降低人工成本，提升用户停车效率与停车体验。形成县（区）域停车资源库，向上提供资源库的能力接口，供不同应用层对象进行调用，打造数据化、智能化、集成化、服务化的市级静态停车生态，合理融合企业资源价值，全面提升资源利用，促进新能源车共享模式快速推进。

三、城阳区智慧城市应用层系统建设内容分析

本节主要根据第一节和第二节所提出的应用层系统，结合山东省青岛市城阳区的智慧城市建设现状进行分析，并针对其中一些亟待解决的问题提出一些改进建议。

以城阳区智慧城市的建设目标为例，构建"6"+"8"总体架构，"6"，即"一网互联互通""一库汇聚数据""一图统筹四方""一屏掌握区情""一云服务全区""一键指挥调度"。"8"，即构建"智慧城阳"统一门户、打造线上线下高效协同政务审批系统、搭建政府公共服务平台、建设为民服务热线系统、打造政府精细化管理系统、打造一批智慧应用、建设一批智慧社区、建设一批智慧园区[31]。其中"6"，就要求以一个平台作为操作基础，调度多个系统和多个模块，将所有的数据汇总在一个数据库中，将相应的部分数据汇总在同一张图中，将所有模块集成在一个系统内，将一个操作贯彻到系统和模块的基础设施中，起到统揽全局，协调各方的作用。

城阳区按照全区"一盘棋"原则和顶层设计的要求，安排专门力量抓好落实，加强业务工作与智慧应用的有效紧密衔接，在省级第一批新型智慧城市建设的试点地区中，城阳区作为青岛市唯一县（市、区）入选该名单。城阳区对照山东省新型智慧城市试点建设标准和要求进行全面规划设计与任务梳理，旗帜鲜明地提出了试点工作地任务书，那就是城阳区会全力以赴推动新型智慧城市建设，努力将"阳光城阳"打造成全国新型智慧城市建设新标杆，目前已取得初步成效。

第一，城阳区数据赋能成效显著。近年来，城阳区委区政府高度重视并全面落实山东省新型智慧城市建设要求，聚焦数据资源整合、数据赋能产业、数据平台建设、数字惠民等方面开展建设工作。据调研显示，城阳区通过组织全区七十余个业务部门、政府单位，大力开展政务数据数字化归集，编制了 1 000 余项政务数据资源目录，并持续进行数据更新维护，确保数据实时性，已全面实现数据资源挂接；城阳区面向社会群众和企业，开放了 700 余项数据资源目录，城阳区目前已累计办理完成近百项数据共享申请，相关数据已全部落地，推动了跨层级、跨部门的数据共享应用。

第二，数字化应用"百花齐放"。城阳区大力推进"一网通办"，"爱山东·青e办"城阳分厅上线 550 余项政务服务事项和 9 项特色应用，搭建起数字城阳治理监测

（应急指挥）中心和数字城市体验中心，拥有"瑞阳心语心理健康大数据""九天智慧农业""民生服务大数据平台"等一系列特色智慧应用；城阳区在已成功举办的"中欧绿色智慧城市峰会"上，获得"城市治理类优秀案例"等荣誉，城阳区智慧城市建设水平显著提高。据调研，目前城阳区已经建成了全省首个区级高点全域视联网监控系统，通过基于图像识别的视频联动技术赋能城市治理智能化升级，在安全运行和安全防护方面迈出了坚实的一步。其中，高、低点视频监控系统共计完成二百余处建设点安装工程，实现了城阳区范围内重点的企业领域、重点的公共区域的全面深度覆盖。产生的视频监控数据，将实时接入数据中心，为城阳区民生安全保障、防汛防火、治安防控，以及制造业安全生产事故的应急处置等提供强有力的数据支撑服务，各需求部门在各自领域内可以按照业务特点划分不同使用权限进行使用，最大限度实现监控资源共享。

第三，智慧生活。城阳区推动基于大数据、物联网、移动支付、语音识别等关键技术的智能应用，在社区治理和服务中的融合落地，大力、持续地推动社区智慧化建设，实现基础设施标准化建设，以及社区管理的智能化提升、便捷生活和稳定安全。目前，城阳区的8个社区（小寨子社区等）、2个街区已作为新型智慧社区（街区）示范点在老旧小区改造和社区智能化转型中先行一步，在城阳区城镇化建设区域内，新型智慧社区（街区）建设覆盖率正在不断提高。据调研显示，城阳区依托国有投资平台，投入建设并运营维护灯杆智慧化改造工程。城阳区已经实现了灯杆的一体化投资、建设、管理和运营的闭关改造，成为国内智慧灯杆建设改造的典范工程。其中，5G智慧灯杆示范路的投入使用，为5G商用落地打响了"第一枪"，也为道路照明、市政、交通、公安等多个行业提供了包含信息采集、发布、传输数据控制在内的重要抓手。

第四，数字化产业"增量"趋势明显。城阳区通过举办数字城市产业生态发展论坛、数字城市发展高峰论坛等活动，广聚城市合伙人，罗普特北方基地、大唐融合、百度自动驾驶、联想、阿里数梦工场（山东总部）、远度无人机等40余个项目相继落地，中电科新型智慧城市研究院、深圳智慧城市研究院入驻城阳，为全区数字经济发展注入强劲动能。

城阳区智慧城市建设已取得初步成效，但依旧存在本地企业创新能力不足、产业集群效应不明显、项目建设运营依赖外地大企业等问题，城阳区须进一步以智慧政务应用、智慧治理应用、智慧生活应用、智慧示范等领域为依托，持续扩大现有的智慧城市建设的平台集聚效应，推动产业生态效应的形成和发展，不断完善县（区）域新型智慧城市建设模式，持续挖掘智慧化场景需求，激发经济发展新动能，让智慧城市成为区域经济发展新的增长点。

第七章

县（区）域新型智慧城市建设经验总结及启示

一、县（区）域新型智慧城市建设经验总结

当前，全国各地县（区）域智慧城市建设已经阶段性地取得了一些成果，但是在这之中还存在着很多不能忽视的问题。比如在县（区）域新型智慧城市建设初期目标定位不清晰和缺乏合理规划；在县（区）域建设过程中政府主导不足与产业融合不够，部分垂直工作和运营的行业过度依赖其上级部门，从而形成与其他行业隔离的局面，造成了"数据孤岛"；县（区）域信息化的水平从整体上来说还是相对较低，并且区域发展不均衡现象明显。

《小康》杂志发布"2021中国智慧城市百佳县市"榜单，佛山市顺德区、佛山市南海区位居前两名。作为国家最早的智慧城市试点之一，顺德区连续出台系列举措，大力推动"智慧顺德"与"数字政府"建设，将多项民生数据、经济数据整合起来，顺德区的智慧城市建设已基本形成高效集约的信息基础设施支撑体系、信息资源共享体系和大数据应用体系。南海区依托"城市大脑"构建智慧城市的治理与发展基础，从城乡治理、政务服务创新、产业升级三方面系统发力，衍生出多个大数据项目、平台，加快推动政府数字化转型和城乡数字化融合发展，提升政府运作效能和治理水平。

基于此，本章从国内县（区）域智慧城市建设领先地区的实际建设情况出发，总结县（区）域智慧城市建设的典型经验，以及由此带来的启示。

1. 县（区）域新型智慧城市建设要目标明确、定位清晰

在县（区）域智慧城市建设标准体系构建原则上，首先需要目标明确，总体上进行规划，严格遵照县（区）域智慧城市城镇化标准化的要求去强化顶层设计，科学地对县域智慧城市发展进行整体规划安排；其次便是在保障基础设施、基础建设等的基础上，在保证县（区）域智慧城市建设持续进行的条件下，突出自身县（区）域智慧城市的特色；接下来便是要充分考虑将县（区）域智慧城市的体系与其他领域的标准体系进行配合、融合、相互补充、相互完善；最后就是在进行充分调研之后开展建设县（区）域智慧城市，并在整个智慧城市建设的过程中去认识问题、提出问题、分析对应的问题及解决相应的问题，总结解决这些问题的经验，为后面其他在县（区）域层面上的智慧城市的建设提供相应的经验，同时，还需要设立对应不同阶段的目标，制定目

标的优先级、对执行阶段性目标的任务进行合理的分布。

在具体的智慧城市的目标方面,应该遵循以"整体的、内生的、综合的"这9个字为主的现代化发展理念,坚持在整个过程中实现对地区优势的弘扬和对短板的补齐。坚持对自身的准确定位,依据时代的变化顺势而为,坚持求实和创新两手抓,将以上几点贯彻到智慧城市建设的整体过程中,将其作为重要抓手。建设县(区)域智慧城市拉近了县(区)域智慧城市和高水平地区发展的差距,让县(区)域智慧城市也能紧跟时代的步伐,具备更多的机会和条件进行发展,同时,智慧城市领域高科技企业也能有更多的机会参与到县(区)域地区的发展中来,从而使县(区)域能够更好地释放出发展前景和能量。引进更多的高端项目和人才,将新兴的技术和发展理念带到辖区的发展中来,使辖区有更多发展和选择的余地。

建设县(区)域智慧城市,首先要有明确的定位,不要盲目地追求高大上,应该根据发展的需要和情况变化,因地制宜研制与发展水平相适应的标准,打造欠发达地区具有温馨氛围的本地特色智慧城市,要始终结合《国家智慧城市创建任务书》来创建智慧城市建设的总体目标,从智慧城市建设地区的实际情况出发,加大力度去建设智慧城市建设需要的基础平台,去整合和共享所能拿到的数据资源,并优化已有的应用,让这些应用变得更加智能化,打造一个以人为本、温馨、文明、宜居的县域智慧城市,并在最大程度上实现"惠民",尤其是对于偏远乡镇、村庄,提高社会管理方面的治理能力,提高百姓的幸福感。

2. 县(区)域新型智慧城市建设要高屋建瓴、规划先行

在建设县(区)域智慧城市的过程中,首先要注重整体的发展,将规划和最新的技术结合。确定好需要发展和需要重点发展的目标,再定好具体的步骤。在结合自身的特点和优势的基础上,应该坚持与发展情况较好的城市进行对接和学习,在此基础上查漏补缺,形成以主城区为核心的布局,同时在各片区街道中落实好智慧城市发展的思路,才能为县(区)域地区的智慧城市发展提供保证,在经济快速发展的同时实现科学协调的具体发展。其次,应该在整体性的科学思维的引导下,进行重点街道总体规划的编制,同时对区域性提出一定的概念性的规划。这些规划的目的是在保证日常生活和经济发展的前提下,对现有的人文、地理资源进行充分的挖掘和传承。在这个过程中,还应该综合县(区)域地区近年的现代化发展的经验实施。最后,将以上结合起来,让县(区)域地区智慧城市的格局和城乡一体化水平都得到全面的提升。

建设体系规划方面,南方某县级市在正式启动智慧城市项目建设前,先确定了"基础设施体系(网络、云计算、物联网)+基础能力平台(数据中台、城市空间服务平台、智慧中台、业务中台)+智慧应用(N类落地场景)+运营指挥中心"的建设思路;深挖县(区)域智慧城市建设痛点,按照实际需求制定建设目标。首先,深刻挖掘群众和政府部门真痛点、真需求、真问题,并从根本上解决这些问题出发,积极构建适应当地经济社会发展的智慧城市模式,立足公安、应急、旅游、交通等领域智慧化建设,以"惠民"为工作的出发点和落脚点,解决好群众最希望、社会最迫切的问题;部门协作,合力攻坚,将多个部门结合在一起,共建运营指挥中心集中办公;破解

"三难"变为"三通",主要解决县内各系统各平台互联互通难、业务协同难、数据共享难的这3个问题,只有解决了这3个问题,并将其变为网络通、业务通、数据通的三通,才能使得指挥中心发挥更大作用;强化学习,加强培训,普及好大数据、区块链、云计算等相关知识,从群众的观念上改变,定期培训信息化知识,帮助各个单位熟悉业务,便于工作开展。积极营造政府来主导、社会多支持和百姓勤参与的良性氛围;政府采取不同建设模式,引导多元投资,坚持差异协同,有效降低了实施风险。同时,针对不同的项目对象,"因地制宜",采取不同的策略,如政府主导公共服务类项目,引导社会资本积极参与[32]。

风险效益规划方面,在县(区)域智慧城市建设过程中,需要预先评估风险和收益,一是要建立健全行之有效的监督听证制度和问责机制,引入第三方专业机构,进行风险测评和效益评估;二是要积极拓展投资渠道,面向智慧城市中涉及的5G新基建等新型基础设施,政府要适当加大投资力度,对具有功能性、商业性、延展性的项目,政府应该借助社会资本,采用明股实债等灵活机制,拓宽资本投资的渠道;三是要加强信息化人才保障,支持企业建立信息化人才实训基地,培育一批符合县(区)域智慧城市发展的创新型复合人才,不断充实机关和企事业单位智慧城市建设人才队伍和支撑保障。

督导机制规划方面,在实际智慧城市的建设过程中,要成立总体方案规划小组,组织专人到其他县域专业地区进行交流学习,从而拓展思维吸取成功经验,避免重蹈覆辙;组建专家团队,依靠战略合作伙伴的行业专业性出谋划策;单独进行县(区)域智慧城市相关项目立项,优化项目管理流程,按照目标项目化到项目具体化到工作责任化的指导原则,明确各项目的牵头责任单位和直接责任主要领导,不能将责任"踢皮球";设立配套措施,坚持按照规章制定执行。顶层设计、因地制宜是智慧城市建设的根本原则,体制创新在智慧城市建设中很关键,而组织领导、实施团队更是智慧城市建设成功的保障。需要强化县(区)域智慧城市建设和实施维护过程中的监督力度,采取领导督办、督查通报和纳入考核结合的方法来解决某些部门不积极配合共享数据资源信息的问题。

数据资源整合规划方面,统筹协调、资源共享是县(区)域智慧城市建设的重点方式,需要首先编制共享目录,明确规范标准;其次是需要维护整个县(区)域智慧城市体系中网络信息系统和所涉及的数据的安全性,消除和数据保密相关的部门对数据安全和隐私隐患的担忧。

3. 县(区)域新型智慧城市建设要政府主导、市场化运作

县(区)域智慧城市建设,应投入实现多元化的目标,也就是使用政府投入的方式为主,结合部门配套作为一种辅助,分阶段地来实施县(区)域智慧城市的一系列建设,投入的多元化体现在资金投入,信息数据的投入和技术的投入,并结合实际逐步加大投入力度,加快智慧城市建设。另外,建设模式市场化,市场化是建设县(区)域智慧城市发展的必然趋势,也是县(区)域智慧城市应用得以不断升级的保障,在智慧城市建设的合作形式上,应该做到始终保持共建共享的理念,并且还应该在

这个基础上引入政府、社会等一些已经在探索的市场化运营模式。不仅如此，还应该将建设内容系统化，将各个部门各个行业零碎分割的局部应用到一个总的平台服务中心。例如，在湖北某县级市的城市智慧化建设过程中，采取的思路是，以政府投资为基础，以市场化运作为导向，以测绘地理信息部门为依托，采取搭建总体的控制中心平台，整合各个部门各个行业的资源、拓展应用场景、建设专业队伍等方式，促进政府决策更加科学，推动社会经济发展，升级公共服务管理，从而加快县（区）域智慧城市建设。

县（区）域智慧城市建设要坚持政府把总，始终以最高的标准设计，其中包括严格遵守设计标准，确保平台及数据的安全稳定，保持接口的开放性，确保系统在实际应用中不会出现无法升级及扩展，还要与实际情况紧密联系，始终以人民群众的需求为导向；坚持开展针对性应用，应该开展与政府管理、公共服务等相关的领域作为应用重点，使其具有的有效性和高效性得以体现；坚持实现循序渐进的发展，初期主要根据政府的投入和政策的扶持来完成县域智慧城市的基础建设及总的平台设计搭建，中期则将具有代表性的行业连接到总的平台，使一些效果深入人心，并引入社会群众的力量及企业的资本，开拓期则是将县域智慧城市与人民群众的生活深度结合，使得其成为社会不可或缺的一部分。

根据上面的建设过程不难看到，县（区）域智慧城市建设中，要注重发挥政府的主导作用，因为智慧城市本身就是一项极其错综复杂的系统工程，在县（区）域的整个智慧城市建设的过程中，需要做到有统一、有规范、并且有序地进行智慧城市的统筹和实施，并且在相对应的智慧城市的行业应用方面以及智慧城市的社会化应用方面，要能够充分发挥智慧城市的功效，这就需要智慧城市建设者能够从智慧城市建设整个过程的多个角度、建设过程的多个层次，以及所涉及的多个维度来进行整体的协同，形成科学的支撑以及数据等方面的互动的关系，才能充分发挥智慧城市的共振效应，进一步能够在最大限度上发挥智慧城市的优势作用，发挥政府主导作用也是建设县（区）域智慧城市的必然选择。不仅如此，县（区）域智慧城市建设时，还需要激发各类需求从而整合多方力量，因为县（区）域智慧城市建设过程中，需要不断地投入大量的国有资本和民营资金，整个智慧城市建设的周期也非常长，在系统中所涉及的可以应用的领域也相当广，政府作为建设者，要充分发挥主观能动性。

只有充分发挥县（区）域地方政府在智慧城市建设中的主导推动作用，才能做到在激发所涉及的政府职能部门进行智慧城市建设的积极性的同时，也能激发社会的各个不同层面、各个不同的领域、各个政府职能部门、各个所涉及和涵盖到的行业对于县（区）域的智慧城市建设、基于自身业务的最切实的需求，才能够构建出一种供应和需求两相满足，得到辖区内的群众及所有智慧城市建设过程涉及的部门的一致的、全面的认可，最终让智慧城市建设达到一种共赢并且能够达到共同进步的一种良好态势。在县（区）域智慧城市的建设中，要尽量争取多方的支持，以及社会的参与和市场的投入，从而让整个智慧城市的建设形成一种良性的循环性的投入，使得县（区）域智慧城市的建设可以做到长期的产出、并且通过努力探索得到一种稳定的发展机制，最终使社会各个方面和政府达到共同推动县（区）域智慧城市建设的目的。

除此之外，应该注重抓好县（区）域智慧城市行业应用，体现出系统性的优势，能够在短期内见到显著成效的一种行业应用，能够在较短的时间内引起社会对于智慧城市建设的强烈反响和高度关注，这不仅会让地方政府快速地体验到县（区）域智慧城市建设所带来的进步及便利，也会直接将县（区）域智慧城市的服务带到县（区）域的群众以及智慧城市系统的使用者的面前，进而将多个能够结合的应用结合起来，比如移动或固定的终端应用、针对各个行业的具体应用和智慧城市整体的系统应用，这在群众中收到了极好的效果。此外，在县（区）域智慧城市建设中，要鼓励引入市场资源和市场化运营机制，因为建设过程是很漫长的，需要投入巨量的资金，而且获得回报也是很漫长的过程，在确保平台框架的基础下，要始终坚持既讲原则、又要保持灵活，支持多种形式，以及各类资源整合，尽可能汇聚各种资源的优势和有利因素，从而加快并拓展县（区）域智慧城市建设的应用空间领域，保障其对城市的发展以及对生活的催化作用。县（区）域智慧城市的运营管理中心应该采用融资租赁方式从而解决设备投入的问题等，选择更加高效更加便捷的渠道。最后就是在思想上坚持可持续发展及开放性，只有这样才能既快速地提升辖区内的城市信息化的管理水平，同时又能实现在整个社会信息化的服务方面的质量快速提高，这会对县（区）域辖区内未来城市的整体社会发展过程产生潜移默化的深远影响。

在县（区）域智慧城市的整体建设过程中要实现能够立足于地方的真实情况，将目光放在城市未来的长期的发展上，并在初期的时候就制定出标准的体系、建设起整个的平台框架、创新智慧城市应用等，能够进行科学的规划以及整体上的统筹部署，如此，便可以迅速完成县（区）域智慧城市部分的建设工程，从而在智慧城市建设的过程中搭建起所需要的统一的、信息化的、基于地方的总管理中心平台，进一步能够构建起县（区）域辖区内重点行业针对性的应用实践，并且需要通过构建整个系统规范建设的智慧城市体系及应用标准，这样就可以为今后针对整个智慧城市系统进行升级改造应用提出基于地方的具体要求，同时可以对社会化应用产品及对应的服务开发接口进行扩充。将各个部门各个系统的散布信息资源进行整合管理，并与核心技术实现相互融合，从而在整体上能够起到协同带动、加速发展的积极作用，同时也能在智慧城市这个体系上催生出更多未知或者未涉及领域的智慧化应用。

从当前情况，不难得出分析结论：个别县（区）域政府领导，对智慧城市建设的重要性和紧迫性上，存在认识不足，坚持认为当地的发展水平，还远远达不到建设县（区）域智慧城市的条件，从而导致其所在单位一直等待观望，并没有花太多时间和精力去研究如何实质性建设县（区）域智慧城市，造成长时间的止步不前。所以应该先从领导层面提升智慧城市建设理念，然后递进给下级，从意识层面开始，让他们重视县（区）域智慧城市的建设，并理解其重要性及紧迫性，思考如何应用大数据、物联网、移动互联网、云计算等新技术来创造具有自身特色的县域智慧城市，并建立自己的信息化系统。

从目前县（区）域地区智慧城市的成功经验来看，需要强化统筹协调，凝聚建设合力；不断强化顶层设计，逐步消除数据信息孤岛；强化示范应用，探索模式创新等。首先要发挥政府在县（区）域智慧城市中的指导作用，合理完善组织机构的分工，建立健全管理运行的工作机制，调整并充实县（区）域智慧城市的建设领导小组，整合县（区）域地区内的城市数据资源，促进县（区）域智慧城市建设，避免管理责任不清晰和职责不明确引起的相互扯皮；在引入市场资源方面，应设立县（区）域智慧城市建设的专项资金，并结合实际情况出台管理方案，形成县（区）域智慧城市的建设力量。另外，要明确建设目标，强化县（区）域智慧城市的规划设计，引进新技术，并借助经验丰富的企业，做好长期的专项规划，确立智慧城市建设的目标及路径；将各个部门各个行业的资源进行整合，并探索建立多层次、跨部门的信息资源开发及共享策略，推动单一的系统数据信息共享到多个系统数据信息共享的转变，从而解决信息孤岛的问题。不仅如此，需要更贴近人民群众的生活，突出整合信息惠民应用，提升公共服务水平，慢慢形成"上连市局、下至社区"的三级联动综合服务系统，有效减少居民及企业办事的时间成本，提高政务服务效率；重点推进智慧医疗、智慧交通、智慧教育等领域建设，为人民解决就医、出行、就学等热点、难点问题，使得人民切实感受到县（区）域智慧城市建设带来的益处。

在建设县（区）域智慧城市的过程中，政府要遵循政企协同、因地制宜、统筹集约的原则，重点聚焦在以下所提到的5个方面：一是政府引领智慧城市建设和模式创新。县（区）域智慧城市的业务发展将打造完备的智慧城市建设和运营业务能力，支持当地智慧城市发展水平全面升级。二是县（区）域智慧城市发展模式的创新和输出。探索创新型智慧城市模式，积极拓展对省内其他地区的数据增值服务，形成理念、技术、模式输出，并逐步面向全国参与各地方的新型智慧城市项目建设。三是政府要引导企业建设县（区）域智慧城市体系的理论与实践基地，实现业务和技术研发创新。政府以智慧城市业务为依托打造理论与实践基地，开展引进和自主研发的重大科技成果转化，推进新技术、新产品的市场化应用，打造"技术＋规则"双重架构的整体解决方案，并组织辖区企业牵头或参与承接国家、省部级智慧城市领域重大专项课题研究。四是政府要打造新型智慧城市专项的国家级技术创新重点实验室。对企业的应用方案和技术实施方案进行技术验证和创新，确保技术先进、安全可靠，并对确有成效的技术予以认证并推广，实现创新技术产品输出。五是政府要积极打造数字经济产融创新平台，以城市数据资产运营服务为基础建立将数据要素作为关键性指标的产融创新平台，可以大大提高县（区）域建设智慧城市的竞争力。

县（区）域智慧城市建设需要结合市场化运作，在建设县（区）域智慧城市的政府财力方面，虽然是县（区）域级的建设，但是在其过程中，需要的投资规模是巨大的，单靠政府短期内凑足资金来进行建设是很困难的，需要结合当地的情况，发动群众的力量，联合企业才能事半功倍，更加快速、更加具有特色、更加切合群众地实现县域智慧城市的建设，在政府和社会资本合作的政策模式下，才能打破政府单一投入渠道，才能打造"政府引导、社会参与、市场运作"的良好局面。比如以"2021中国智慧城市百佳县市"为代表的一批县（区）域智慧城市，已早早启动了政府联合社会的新模式，并且取得了很好的成效，所以政府—社会联合会成为快速建设县（区）域智慧城市的有效方式。

4. 县（区）域新型智慧城市建设要坚持产业融合

县（区）域智慧城市建设过程中，在产业这一方向，最应该做的是进行辖区内产业之间的联动，通过智慧城市整体建设的规划进行各类产业内部的布局调整。具体应该先把重点的一些产业进行重新架构搭建及针对新时代信息化的升级，需要建立的具有现代化性质的产业体系应该满足一些特质，首先是需要以现代化的、能够满足人民需要的服务业为主要内容，其次是要将一些新兴的产业放到工作重心上来，尤其是一些具有战略意义的产业，还有就是需要将现在一些先进的制造业作为我们工作的重点，作为支撑，只有这样建立和构架起来的产业体系才是符合发展需要的。

在一些比较重要的产业的更新换代和产业重构方面，应该与近年在现代化进程中的积极实践和探索过程中获得的经验融合起来，只有把辖区内过去的历史、现在的发展和未来的布局这三者进行结合，才能明确好产业的发展目标，促进辖区内的产业形成链条，完善产业链，才能更好地促进产业的发展，包括但不限于合作和竞争等方式。在发展的过程中，一些作为支柱的企业的地位将会更加提高，作用也会更多、更大，只有全面地适应这种趋势，并且以这些产业为中心进行发展，才能形成需要的，适应未来发展的产业集群。在建设县（区）域智慧城市的整个过程中，需要能够结合智慧城市建设之前的一些原有的企业，比如化工、服装、电子等一些企业，通过调度这些企业现有的资源进行整合，将这些传统的企业的潜力发挥出来，更好地提升本地企业的竞争力。

在县（区）域智慧城市对产业体系进行完善和重组的过程中，需要打破长期的一种惯性思维，那就是以农业为主的传统的经济方式，将重心转移到工业和多种方式的经济格局上来。虽然是多种方式共同作用来提高经济水平，但是也要注意把握结构的整体性和我们产业互相之间的关联性。通过加强产业中各个方面的合作和联系，以及让产业中各种经济成分的合作互动，同时还可以将产业和流通过程进行规范化，从而形成区县（区）域自身独有的竞争优势，在整个智慧城市和全球化发展的过程中形成优势，针对不同县（区）域的特点和整体的发展目标，为经济发展和特色的产业结构提供动力。

除此之外，需要将政府的力量和社会各界各产业的力量结合起来，共同形成更有效率的政府服务体系，消除智慧城市建设过程中的后顾之忧。政府的主要优势在于能够有效地组织起各方的力量，以及对于辖区内民生更为了解，在政府的组织和参与之下，可以对社会各方力量进行整合和整体调配，建立起完善的县（区）域智慧城市基础设施体系，从而为后期智慧城市建设提供基础。其次，利用各个县（区）域的具体地理优势，沿海地区可以考虑进行贸易和渔业扩展，风景好的地区可以进行旅游业的业务扩展，将民生重心从农业中释放出来，将从现代化农业建设中空余出来的资源进行整合，同时可以在政府部门之间进行联动，共同组织发展，将土地资源集中到更具备现代化生产能力的地方，将居民住宅集中到政府规划好的统一地点，企业则可以集中到工业园区，将整体规划做好，才能更好地帮助经济腾飞。

5. 县（区）域新型智慧城市建设要重视信息化发展

县（区）域融媒体中心建设是智慧城市建设的一个重要方面，对县（区）域的融媒体进行开发，从政务、公共、产业等多个方向进行研究和开发，可以为县（区）域经济发展提供强大助力。

随着信息时代的蓬勃发展，生活中的信息化也在不断地加深，新媒体与信息技术融合发展已经迈入了深度融合的关键时期，媒体行业在不断变动，信息传播日益加快，信息舆论生态逐渐变得越发复杂。网络媒体能够影响到的范围越发扩大，互联网的平台也成为日常交流的主要阵地，社会舆论也随着交流扩散开来，已经或者必然要成为对于基层民众的思想文化宣传的重要方向和因素。基层政府面对这样的传播渠道显得不够得心应手，对于新媒体平台上时刻变化的舆情舆论的监管也显得有些不足。由此，传统媒体的改革已刻不容缓。基于县（区）域智慧城市体系下的融媒体中心建设重要性不言而喻。在县（区）域智慧城市建设的大背景下，融媒体中心的建设不仅在一定程度上对县（区）域其他产业（如电子商务、线上直播等）的发展提供助力，还能对新闻媒体行业的发展，提供推动作用，进一步地，也有助于基层社会治理模式的改革创新，可以说这对于我国未来产业的发展都具有一定积极意义。

在目前这个阶段，智慧城市建设过程中急需建设具有特色的融媒体中心，这方面的建设已经引起了高度重视。在实际的智慧城市系统的建设过程中，地区将一些传统的传媒方式和一些新兴的传媒方式进行了整合，包括但不限于广播、电视、微信等，以这种方式搭建的系统，承担了原有的信息传播功能的基础上，内容更为丰富，范围更加广泛，传媒方式更加多样。这样一来，不光信息这一类资源被充分利用，还在时效性、传播速度等各方面都有了一些改善。虽然现在的县（区）域融媒体中心在建设过程中获得了一些成果，但总体时间尚短，有待完善。

目前，县（区）域的融媒体建设仍然趋于片面，据调查，大多数的官方账号都是微信公众号，但是各个单位推送内容普遍较少，且重复很多，关注的群众也很少。虽然各个单位已经对于融媒体方面提高重视，但仍旧不够。

县（区）域融媒体中心的建设过程主要还是依靠政府和相关部门，根据建设的过程和重视程度不同，很多时候容易出现资金短缺的情况。有调查显示，我国境内县（区）域融媒体中心的平均资金储备普遍不足。即便在相对来说更重视相关建设的东部地区，资金也不算充裕。目前为止，大部分的官方媒体账号还是有相关机构进行经营，对政府的依赖度较高。由于官方发展融媒体的各种限制，以及资金方面的原因，对于县（区）域融媒体的建设方向和模式较为单一，使得后续发展受到一定程度的阻碍。

通过分析，县（区）域的融媒体中心建设整体还处在一个初步阶段，仍有很多可以改进的地方，比如资金供应、人才补给、体制技术等方面，都有可以完善弥补的地方。那么如何建设县（区）域融媒体中心呢？

首先，从政务服务方面，①政务信息功能。这部分主要是对政务信息进行发布以及相应的宣传。同时，利用一些互联网、信息化平台等相对较新的技术，开展一些宣传方面的微电影等内容。在智慧城市和整体智慧化的大趋势下，在完成相应的基础内容之后，应该加强相应的素质建设，提高在内容、运营推广方面的能力以及提高相应的专业程度，使得整个过程更规范，形成完整的流程。②监督举报功能。现在的政务监督举报从最开始的电话热线、信访，逐渐发展成了以网络为平台的方式。随着信息化的发展，逐渐出现了很多视频、线上咨询等方式的问政。随后，微信、微博等新兴的媒体平台逐渐在这方面得到应用。在整个大趋势下，网络问政也已经成为当前发展的一个主要方向。③政务办理。在之前的很长时间内，线上的政务办理一直都是智慧城市建设的痛点。在网络信息发展的现在，很多事情在网上足不出户就能进行办理，但是现在的政务办理内容琐碎，程序复杂，很多平台都不能够很好地进行线上办理和展示。这就需要我们进行新的开发和系统框架整理。

其次，从公共服务建设方面，公共服务建设覆盖面较为广泛，比如社区、便民、生活服务等。建设过程中，应该通过各种方式进行资源整合，将更多的资源引进到公共服务中来。在社区方面，可以通过和物业方面的结合，进行智能化改造，在社区和小区内进行传感器和系统的铺设，还可以进行类似于搬家服务、开锁服务等的额外服务。同时，通过智慧城市的建设和框架搭建，对养老模式进行改善。通过完整的档案系统和传感体系，对各户情况进行建档，提供完全的志愿服务和应急服务，从而改善社区养老现状，保证居民安全。另外，通过大数据的处理和决策，对现有的可能存在问题的不合理的停车位进行改造，通过传感器和相应雷达、摄像头等设施，对停车场内的情况进行实时监控，并通过阶梯式收费进行车位的占用时长控制，提高周转率。

最后，从产业服务建设来看，为了促进地区内的产业行业发展，可以对我们辖区内的企业进行一系列改造和提供服务。目前为止，县（区）域智慧城市建设的覆盖面还是不够广泛，这主要是源于建设时间的限制。在所提出的蓝图和建设理念之下，需要完成创新和创业的双重发展，这是当今社会的一个重要发展趋势。通过对企业的重新规划，与媒体进行结合，可以在一定程度上完成设想内的升级和改造，从而使产业更加符合新时代发展的需要，完成转型。

根据以上的分析，不难看出，随着时代的变化，县（区）域融媒体中心的建设也要提上日程。在未来的城市发展中，需要加强县（区）域融媒体中心建设，提高质量，保证数量，完成和新时代的接轨。

6. 县（区）域新型智慧城市建设要坚持改善民生

以人为本，民生先行。据调研，近两年来，合肥市先后在城市治理、交通出行、教育服务等领域，开展了一批智慧城市重点领域重大工程的项目建设，实现了4G网络城乡全面深度覆盖，建设完成了5G基站近8 600个，建设覆盖349个业务应用场景的重点项目。合肥市统筹推进智慧社区建设，针对社区管理、社区政务、社区服务、社区安全4个主题，依托社区数据"汇治用"，研发出如高龄老人看护、幼儿园周界守护、高空抛物监控等多个智慧社区应用场景。截至目前，已建成4个试点社区、1 457个智慧平安小区，基本形成广覆盖、多渠道、智能化、个性化的社区惠民服务体系[33]。合肥市契合智慧城市以人为本的核心理念，建设关注民生、贴近群众生活的智慧社区，4G、5G新基础设施建设成绩显著，值得城阳区参考借鉴。

7. 县（区）域新型智慧城市要坚持城市应用智慧化

以智慧应用赋能城市治理为例，杭州市启动城市数据大脑项目，立足交通治理领域，开展新型智慧城市建设。据调研，目前杭州市城市数据大脑项目已陆续集成并扩展了城管系统、卫健系统等平行系统；纵向扩展了上城平台、萧山平台等十余个垂直平台；成立行业督导专班，陆续推出五十余个应用场景，杭州获评我国第一个无杆停车城市、第一个急救车不必闯红灯城市等多项全国首创。在试点区域内有128个交通信号灯和交通数据相连，通过城市大脑自动识别、自动疏导，将通行时间减少了15.3%。杭州市智慧城市建设突出智慧政务在城市治理中的作用，城市数据大脑极大提高了城市管理治理水平，值得城阳区参考借鉴。

二、县（区）域新型智慧城市建设启示

智慧城市建设关系县（区）域未来十年发展，甚至更长时间的发展，要科学严格规划，必须做好总体设计，做到依规而行、纲举目张。要把握基本原则，县（区）域智慧城市建设，必须严格按照统一要求，坚持以人为本的理念，作风扎实；坚持因城施策，科学规划，有序推进；坚持市场导向，突出企业创新主体地位；坚持管控有度，安全建设。立项前做好发展规划，聘请行业专家，引进专业智库机构，制定县（区）域智慧城市建设三到五年发展规划，通过规划的制定，进一步明确建设思路，厘清建设重点，把握建设布局，做到思想统一和行动自觉。要建立体制机制，做好组织体系规划，把智慧城市建设作为主要领导重点抓、亲自抓的重大工程，成立由主要领导同志担任小组长（第一负责人）的县（区）域智慧城市建设领导小组，把政府各部门主要负责人纳入联席会议，形成"全区一盘棋"组织保障体系。

第一，县（区）域智慧城市建设要创新领导与监督体制。安排专人成为各部门的主要负责人，出现任何问题都能追根溯源，除此之外，需要设立专业人员来负责监察和检测各个部门的智慧化过程，甚至是整个县（区）域智慧城市的建设过程，并时刻保持先进性和积极性，分批组织人员外出考察学习其他县（区）域智慧城市的建设，在本部门智慧化建设过程中给予正确的指导，即清晰责任分工，强化监督力度，日常主要由领导小组办公室负责常规工作，加强与各个部门直接的联系沟通，并负责协调处理，组织一周进行两到三次会议讨论学习，及时处理县（区）域智慧城市建设中的重大梗阻点，把控整体进度，形成决策、协调、落实、督察切实落地、有序开展的工作机制。

第二，县（区）域智慧城市建设要根据实际的情况争取多方合作。在智慧城市的建设中，政府主要作用在于在建设过程中进行规划引导，根据现有的资源进行整合，同时开放政府的政策和相关信息，并且根据政府的能力搭建起整个智慧城市的平台。建设县（区）域智慧城市过程中要尊重市场规律，同时，要坚持市场导向、优化资源配置的方针，在智慧城市立项、审批、建设、推广与应用的过程中，调动企业的积极性和主动性，争取吸引更多的企业参与到智慧城市建设的进程中。因此，要积极鼓励社会企业、民众的积极参与，从而扩大市场的投入。因为好的县（区）域智慧城市建设意味着更加高效、更加舒适、更加贴近民众的生活，这就更加吸引了整个社会上大面积的资本的参与。所以，智慧城市建设的关键就是要充分发挥所熟知的市场来配置相应的资源

的决定性作用，进一步地强化企业在整个市场中所占据的主体地位，在县（区）域智慧城市的建设过程中要实现以企业为主体，开展针对企业中的项目的智慧化的开展、建设、研发，不断优化调整建设，确保可持续发展。

第三，县（区）域智慧城市建设要发挥 ICT 等新技术的场景赋能优势。一是提升智慧城市应用创新能力。重点围绕城市物联网、城市大脑、城市智联平台为核心的智慧城市创新开发建设模式，在持续优化智慧城市运营服务过程中探索构建新型智慧城市可持续的商业模式和造血机制。县（区）域在推进智慧城市 ICT 等新一代信息技术赋能政务治理、城市运行、民生服务和经济发展等领域全面深化应用的过程中，将重点从现实场景和用户需求的角度出发，通过建设紧密贴合实际的智慧应用体系极大地提高市民对智慧城市建设的获得感、安全感和幸福感。二是建设智慧城市数据运营能力。建设大数据交易中心和完整的数据资产运营和交易服务业务。全面推动城市感知数据、政府业务数据和社会开放数据的融合，打造城市数据融合服务平台，开展数据产品研发和数据交易规则制定，面向政府、企业及公众提供数据交易服务，激活数据资源要素市场价值，创新数据运营模式。以大数据交易平台激发数据资源市场活力，促进数据采集、数据清洗、数据分析等类型信息产业企业的集聚发展；同时有效促进数据服务业对传统产业领域的渗透，助力传统产业数字化转型升级。

第四，县（区）域智慧城市建设要完善行业标准，便于全面统筹协调。从当前我国县（区）域智慧城市的现状来看，存在的问题很多，其中最基础的一个问题，就是当前县（区）域智慧城市建设在规划设计时期明显存在标准不统一、目标不清晰的问题，不同地区有各自的规划和设计标准，甚至不同的智慧城市技术服务企业内部标准也不尽相同，由此，规划、架构标准的不统一对县（区）域智慧城市的发展产生了不小的干扰，因此，在今后的县（区）域智慧城市的建设中，需要重点加强标准的建立与统一，并且始终围绕智慧城市的建设来制定执行，确保标准的完善，从而有助于各个智能产业融入智慧城市的建设中去，实现其价值和作用。

参考借鉴先进地区经验，城阳区智慧城市建设，可以得到更多的启示。

第一，顶层设计是关键。一是定规划。城阳区要把做好顶层设计作为推动智慧城市建设的总开关，依托青岛市城市建设总体规划，制定区级智慧城市建设中长期发展规划，分步实施，逐步推进。二是建机制。城阳区领导干部统一认识，形成齐抓共管的发展思路，健全和完善主要领导牵头，成立推进专班的组织结构和工作机制，成立区主要领导任组长、分管领导任副组长、大数据局等业务部门主要负责人重点参与的工作领导小组，每星期召开一次联席协调会议，强力推进、狠抓落实。三是强监督。把建设工作纳入全区总体目标管理考核体系，纪监委跟踪督办，同步构架立体化监督体系，强化问责，传导责任落实。四是固架构。城阳区要明确建设总体架构，实现"建一个平台，管理整个城市"的目标。

第二，资源整合是核心。城阳区智慧城市建设要加快资源整合进程，一是强力推进审批制度改革。将权力和办理事项统一集中到政务服务大厅，大厅之外除残疾人办证、机动车检测再无审批，实现全覆盖。二是大力推广"一本账来投"的资金统筹办法。在这方面可借鉴宁乡市智慧城市建设的经验，其做法是将全市各部门信息化建设项目、信息安全工程项目和资金统一归集，由智慧办公室提出使用意见，智慧建设领导小组批准后实施，通过机制倒逼部门信息化数据资源整合到市民之家。三是全力打造"六个一"的政务服务平台。按照"一门一网一号一端一码一库"的设计，推进数据资源与审批业务融合，各级各部门业务协同，系统兼容，资源共享，行政决策、行政管理、行政服务能力、资金使用全面有效提升，管理更加精细化[34]。

第三，以人为本是前提。城阳区智慧城市建设要实现群众办事见面少，距离近，效率高，最大限度地打通便民服务最后一站。一是服务上门，就近办理。日常的政务和资源服务"就近办"。通过正在建设并不断完善的智慧城市便民服务平台，向辖区内的乡镇（街道）、村（社区）进行进一步的服务延伸，为处于偏远地区的群众提供"家门口"甚至能够实现进行"不出门"的服务。二是网上办，线下办理能少跑就少跑，最好能够实现"最多跑一次"。根据现有的资源进行整合和平台建设，建成网上办事大厅，将我们手头能拿到的网上审批系统、整体跨领域和部门的在线咨询和与民营企业进行合作的快递送达等资源，按照公示的办件要求准备好相关资料，到市民之家后即办即走，让我们辖区内的办事群众"最多跑一次"就能够办成需要办理的审批或者是服务事项。三是"智慧办"，最好的效果是能够实现完全的线上服务，也就是我们所说的"最好不见面"。大力推广城阳区"爱城阳"微信公众号，开通"爱城阳"手机App，让我们辖区内的群众不管是什么时间，不管是在哪里，只要通过身边的移动终端，就可以向我们辖区的政府部门进行业务办理的提交，实现群众办事的零跑动。除了广大群众已知的一些紧急热线之外，将我们辖区内领导、有关部门的热线整合至快呼快处中心，实现不管是任何时间地点，只要打一个电话，就能够解决所有问题。

第四，多元投入是保障。针对县（区）域智慧城市建设的资金投入难点问题，城阳区可借鉴宁乡市经验，采用PPP模式和财政投入相结合的方式建设智慧城市。一是探索合作新模式。由政府和社会资本共同出资，组建专门的经营公司，负责智慧城市项目的整体投资、建设和运营，其中，建设期直接投入，运营期滚动投入；政府方拥有SPV公司部分表决权，社会出资方拥有SPV公司主要表决权[35]。二是创新运营模式。增加城阳区智慧城市项目运营期，采取使用者付费模式进行建设运营。其中，建设期投资由政府和社会资本共同付费承担；运营期使用者付费额与项目绩效考核100%挂钩，最大程度调动社会资本积极性，确保项目建设成效。三是创新统筹模式。采取各种强力措施，实现全区由财政支出的智慧城市项目、资金和资源全面有力统筹，突出重点，有所为有所不为，经营领域交给市场，公益领域财政兜底，避免重复建设，实现效益最大化。

第五，产城融合是支撑。加快城阳区智慧城市建设能够有效促进城市经济转型升级，再造城市发展新的增长极。城阳区要将发展物联网及智能终端产业作为智慧城市建设的重要内容，促进以智能产业为支撑的产城融合，培育整个经济发展的全新的动力能源。实现互联网和智能制造的结合，大力进行"两化融合"示范工程的推进，支持辖区内的企业进行用机器代替人工的在人力资源方面的智能化改造。发展智慧旅游，开通旅游业运营管理短信平台，为游客推荐并发送旅游信息；积极利用大数据进行智慧营销，因地制宜、循序渐进地建立起基于辖区内景点的旅行社报团系统，根据大数据进行推送，同时根据现有的数据进行旅客客源地分析，实现完全温风化雨的、精准深入的、细致的营销。

除此之外，城阳区智慧城市还要科学规划，做到纲举目张。

第一，整合资源，构建全域一体的规划。城阳区要强化智慧城市建设规划设计能力。依托中电科智慧院、深圳智慧城市大数据研究院等本地专业机构，及其在北京、深圳、天津等国内一线城市智慧城市总体规划和顶层设计的经验，立足城阳区，开展智慧城市领域的总体规划设计及迭代更新，并向周边地区辐射。要加强智慧城市课题研究能力。重点开展以数据有效利用、合规连接、合理流动为目标的有关标准、规范、技术、法律方面的基础研究，推动场景数据化、数据金融化，鼓励属地企业积极承接国家、省部级智慧城市相关科研项目，力争在新型智慧城市发展关键技术研发、场景应用和产业化模式等方面形成突破，实现以研促产的发展模式。

第二，民生优先，突出实用实效。智慧城市建设归根结底是一项民生工程，其质量不靠专业机构评估，也不靠专家评审，而是靠市民用手指评价。群众知晓率越高，使用率越高，在线率越高，满意度就越高。而操作简便、实用方便是前提，一个App管全部是关键。容量要大，不断增强App信息容量，实现在一个网页中应知尽知、应有尽有、应办尽办，以此增强市民对App依赖感和使用习惯。功能要全，做好App功能全面整合，最终实现菜单式应用，为群众办事提供最大的便捷，最终让市民享受到所用服务项目线上办、掌上办、马上办。融合要畅，完善政府政务服务中心、App和12345市长专线之间线上线下的融合度，促进信息双向互动和及时交流反馈。

第三，盘活市场，壮大经营主体。市场主体的参与是智慧城市建设的源头活水。要为社会资本和市场主体参与城阳区智慧城市建设提供通道、给予空间，用招商引资政策和办法，吸引知名度高、专业实力强、技术先进的市场主体参与县域智慧城市项目建设。发挥政府主导作用，在坚持政府主导的前提下，强化合作共赢的理念，通过不同的方式保障企业利益，推进智慧城市可持续发展。发挥市场配置作用，坚持市场在资源配置中主导作用，在项目质量控制，具体标准设置、软件设计管理、数据分析使用等专业领域政府应放手给予企业自主权，做到让专业的人做专业的事。发挥企业主体作用，加强城阳区制造业自动化、智能化、智慧化转型升级指导，发挥项目支撑、政策引导、资金扶持等杠杆作用，推进一批本土大型制造企业动能转换，引进一批高新技术产业落地开花。

第四，强化保障，培育持续动能。城阳区智慧城市的建设不可能一蹴而就，是一个长期的过程，为此提供充分保障，才能为建设进程提供充沛动能。要加大投入，把夯实基础构件作为一项长期坚持的基础工作加以重视，根据技术发展需求不断加大投入，充分发挥财政资金的杠杆作用，实现持续用力，久久为功。要突出重点，强化项目资金整合力度，确保好钢用在刀刃上，重点加强一体化指挥中心、大数据中心、6大基础数据库建设，为后续智慧城市项目开发利用创造条件。要管好资金，注重项目资金管理，按照轻重缓急、量入为出的原则，合理调配智慧城市建设资金投入，做到事半功倍。要确保安全，切实保障数据安全管控软硬件建设的投入，不断降低建设、营运、维护风险；特别注重网络营运和监控高素质人才的引进和培养，确保数据信息网络安全万无一失。

第八章

推进县（区）域智慧城市建设的对策建议

《中共中央关于制定国民经济和社会发展第十四个五年规划和二〇三五年远景目标的建议》开启了我国全面建设社会主义现代化国家新征程。随着国民经济、国家大数据战略和"数字中国"建设持续良好的发展，抓好城市治理体系和治理能力现代化从而推进国家治理体系和治理能力现代化步伐刻不容缓。运用大数据、云计算、人工智能、区块链等前沿技术推动城市管理从数字化到智慧化，让城市更聪明、更智慧，是推动城市治理体系和治理能力现代化的必由之路，前景广阔[36]。

根据专业预测，2022年，我国的智慧城市行业市场规模将达到25万亿元，并且此后几年投资金额也继续保持稳步增长状态。在巨大的投资规模下，智慧城市建设更要实现因地制宜，合理规划发展。将智慧城市建设落实到具体地区，充分考察其地理位置、科技水平、人口状况、历史沿革、经济力量、自然资源、文化特点、教育程度等多种因素，开发地区独特性，从独特性出发设计、规划适宜的智慧城市发展策略。在建设过程中，将智慧城市建设与自身现代化过程紧紧结合，始终围绕民生幸福这一根本，把经济建设与政治、社会、生态、基础建设作为一个系统工程来考虑，充分利用地理优势，推动智慧城市向社会、政治、经济、文化及人们的心理、生活方式和价值观念等多个子系统的相互促进与共同发展转型。新型智慧城市是具有明显中国特色的创新型智慧城市，以五大新发展理念为建设发展方向和动力，持续不断深度融合新型智慧城市和各类现代新兴信息技术，大力提升政府、社会现代化治理能力和治理体系，更好地以智慧服务惠民利民[37]。

在县（区）域数字经济发展中，包括数字技术的产业化以及产业的数字化转型，基础资源的信息化是发展关键，相对完善的数字化、信息化基础资源是未来数字县（区）域的重要基座。一方面，县（区）域要依托智慧城市业务、产融合作业务和数据资产运营业务，全面推动企业在智慧城市行业内广泛的业务合作，吸引并带动产业链上、下游企业形成集聚发展效应。发挥"政府建平台、企业来做客"作用，围绕产业发展规划、业务体系建设、营商环境发展等主题，组织重点项目专项推介会、业务洽谈，推动县（区）域产业与外部成熟生态资源的对接。推动数字经济领域的以商引商、以商联商、以商扶商的发展局面，形成产业生态发展新模式。另外，要逐步完善机制体制建设，保障新型智慧城市建设的需求。发挥智慧建设领导小组作用，确定发展战略规划及政策标准，统筹协调并监督管理县（区）域智慧城市建设的推进。抓紧研究制定与完善适用于县（区）域智慧城市建设相关的规章、制度、办法，吸引人才、资金、项目、技术等要素，积极创造有利于发展和壮大智慧城市相关产业的政策环境。

综合前面各章的分析，本章对推进县（区）域智慧城市建设，提出如下对策建议。

一、思想层面

县（区）域政府要进一步加强各部门领导对智慧城市建设重要性和紧迫性的认识。同样的，制定智慧城市建设计划只是智慧城市建设的第一步，在学习宣传建设县（区）域智慧城市上还要下功夫。各领导阶层深入加强意识层面学习，从领导开始递进给下级，理解智慧城市建设的重要性和紧迫性，积极思考如何应用大数据、物联网、移动互联网、云计算等创新型技术来创造具有自身特色的智慧城市。同时，在县（区）域智慧城市建设过程中要有效发挥政府主导作用，智慧城市建设是一项极其错综复杂的系统工程，建设过程统一、规范、且有序地统筹实施需要政府的组织、牵引、指导、规范。提升政府的工作效率，设立智慧城市建设领导小组，负责监察和检测各个部门的智慧化进程；明确各部门负责人，使得任何问题都能追究到具体的原因从而解决。进一步完善组织机构，健全管理运行机制，避免多头管理和职责交叉，充分整合区内数据资源，推动城阳区智慧城市建设进程。另外，在智慧城市建设过程时刻保持先进性和积极性，分批组织负责小组人员外出考察学习其他优秀智慧城市的建设经验，在本部门智慧化建设过程中给予正确的指导，强化协调沟通，加大监督力度，把控整体进度，形成有人做决策、协调、落实、督察的工作机制。

二、经济层面

由政府牵头主导，设立县（区）域智慧城市建设专项资金，再从实际情况出发争取多方合作，积极鼓励社会企业、民众的参与，尽量争取多方的支持以及社会的参与和市场的投入，从而形成循环性的投入，使得建设可以长期产出、得到稳定的发展机制，形成县（区）域智慧城市的建设合力。再者，智慧城市建设过程资金投入量大、建设周期也长、可应用领域广阔，需要政府积极主导推动，激发政府各职能部门建设的积极性以及社会各个层面、各个领域、各个部门、各个行业对于县（区）域智慧城市建设的切实需求，从而构建出供应和需求两旺，最终达到共赢共进的良好局面。同时，发挥好市场要素在资本配置中的关键作用，强化企业在市场中的主导地位，把企业作为智慧项目开发、建设和研究的主体。智慧城市产业发展专项基金用于智慧城市建设运营投资和产业生态培育战略投资，对县（区）域新型智慧城市建设运营和技术模式创新提供资金支持和保障，同时对智慧城市领域开展技术创新、产品研发的优质创新型企业进行风险投资及股权投资，助力数字产业发展。除此之外，还要注重抓好行业的应用从而体现出系统性的优势，重点关注能够在短期内见到显著成效的行业应用，从而引起社会的强烈反响和高度的关注。

三、技术层面

县（区）域智慧城市建设要明确建设目标，即方向和重点，为引进新技术做好指导，并对相关的企业做好专项规划的扶持引导，确定合理可靠的技术实现路径；将各个部门各个行业的资源进行整合，推动单一系统信息共享到多系统信息共享的转变，从而解决信息孤岛的问题。注意引入创新性技术，实现物联网、大数据等新一代信息技术与智慧城市建设的深度融合，开发以数据融合驱动、人工智能辅助、移动交互服务等深层次智慧应用。以下以物联网结构的4个层面深度剖析各县（区）域智慧应用系统的建设。

1. 感知层

县（区）域智慧城市建设中，要逐步建设和完善感知层和网络基础设施。感知基础设施要充分发挥城市数字化信息采集终端和"天眼"工程（雪亮工程）的功能，通过传感器、摄像头等智能设备，近距离精确感知并记录智慧城市的动态变化，同时采集终端的地理位置信息，全面深入地了解城市，形成由片区街道组成的智能互联网感知网络，包括城市管理、社会治安、平安城市、交通出行、环保监管、市政监督等，涵盖有前端视频监控设备、数据采集的传感器以及特定的专用设备。智慧环境监测站等智能终端，负责采集、存储、传递数据，是智慧城市在城市主体之下的智能化单元。随着物联网的普及与互联网的广泛应用，智能终端所产生的海量"数据"与信息化业务系统的大量数据汇合，成为县（区）域智慧城市的数据源头。重点建设应用规模大、领域多的多类型物联网，通过自适应海量数据协议解析的物联网网关，将路灯控制、井盖检测、车位管理、垃圾桶监管、环境传感器等数据统一回传，可用承载多种应用的数据源。

2. 数据层

数据层是县（区）域智慧城市建设工程中的数据支撑平台，主要负责为系统提供资源服务。大数据、区块链、云计算等高新技术迅猛发展，智慧城市体系相对于传统城市管理体系，在数据管理方面有更为显著的特色和差异化应用，智慧城市各模块功能多样，业务功能和数据产生更新迭代速度快，数据系统建设更为复杂，需要采集的数据具备多源、异构的特点，更为全面和多样化。数据对智慧城市的运营管理和优化决策具有深远的影响。数据管理体系要做到对人口、统计、民政、公安、教育等各部门数据资源清单的整合和梳理，实现基础数据无纸化，改变以前人工记录，并进行集中数字化录入的低效率方式。县（区）域智慧城市数据层建设，要根据不同模块业务人员、底层技术实现人员提供的业务和数据特征，在上级建设规范的指导下，制定统一的数据标准，对收集到的数据进行比对分析、清洗归集，并存入数据中心，同时进行容灾备份。县

(区）域智慧城市建设要建立统一的政务公共数据开放共享平台，按照数据的重要程度进行专业化分级、分类，逐步实现信用、交通、安防、医疗、农业、环境、卫生、教育、统计、质量、科技、资源、安监、金融、气象、企业登记和审批监管等民生领域的数据开放，起到保民生的促进作用。

以县（区）域政务信息资源目录内容为基础，以服务创业创新需求为目的，在保障和隐私保护的前提下制定区政务数据开放目录。构建数据共享应用平台，编制政务信息资源目录，建立数源对应的政务数据资源体系，建立全区统一数据共享应用平台，对接省、市级公共信息资源共享应用平台数据，由区级政务数据共享进一步到市级政务数据共享。实现市、区、街三级数据垂直共享，突破部门间数据壁垒，解决当前城阳区应用系统封闭式建设、系统烟囱式运行、不同行业和政府部门之间的互联互通和资源共享难等问题。

3. 平台层

目前，智慧城市建设，已逐步呈现向县（区）域下沉的趋势，而物联网平台的建设、部署，作为智慧城市体系的核心支撑，对平台运营实体的要求日益提高。目前，作为智慧城市承建主体的科技企业，由于不同行业领域和技术体系的限制，导致了信息通信系统之间的隔离和分散，这不仅造成了重复建设，也导致了智慧城市各系统的操作和维护变得更加复杂和困难。理想的县（区）域智慧城市应用支撑平台，具备友好的信息集成环境，支持通过统一的访问认证界面，聚合起多样化的场景需求和不同的信息资源，自适应接入、集成到跨平台应用系统和跨行业的运行平台，为开发者用户提供可以支持信息访问、信息传输以及信息协作的集成环境，通过资源共享，实现低成本、可配置及个性化业务应用程序的高效开发，以及分模块的业务集成与融合，并实现灵活部署与管理。

县（区）域智慧城市建设要以云服务、数据分析、IOT、边云协同、ICT等新一代信息技术为基础，融合5G应用、新能源汽车充电桩、大数据中心、工业互联网等新基建建设领域的重点信息，进行数据汇聚，构建智慧城市CIM平台，以县（区）域智慧城市应用支撑平台为核心，打造县（区）域智慧政务、县（区）域智慧能源、县（区）域智慧安防、县（区）域智慧工地、县（区）域智慧停车场、县（区）域智慧警务、县（区）域智慧交通、县（区）域智慧校园、县（区）域智慧园区、县（区）域智慧医院等智慧应用，实现"一个平台、多个智慧应用"，支撑新型智慧城市经济增长、产业升级和社会治理。平台具体建设内容包括城市信息模型（CIM）平台、城市运营管理中心、基础资源中心、信息资源交换平台。县（区）域智慧城市应用支撑平台通过"平台统筹"建设模式，促进基础设施、平台与应用之间的深度融合，实现"设施共建、信息共享、仿真模拟、辅助决策"。通过城阳区新型智慧城市应用支撑平台的建设，有利于城市信息化管理能力优化，促进资源协作共享；有利于创新城市运营管理模式，提高政府管理效率和服务水平；有利于培育新型产业链的形成，促进经济增长。在"新基建"、县城智慧化和数据要素市场化背景下，国地科技将充分发挥自身优势，以更加积极的姿态拥抱智慧城市，为新型智慧城市事业贡献一份力量。

4. 应用层

不同于省、市级智慧城市的建设方向，县（区）域智慧城市建设的应用层建设方向主要以服务群众、便利业务、系统整合、信息普及为目标，更贴近群众生活，真正能够做到全民参与建设，将智慧城市送到群众身边。针对决策制定者和政府工作人员来说，县（区）域新型智慧城市与市级智慧城市的建设最大的不同在于其细致程度，更细节的服务和政务处理，更细微的调控和资源管理，都是县（区）域新型智慧城市区别于市级智慧城市的特点。

县（区）域新型智慧城市是政府系统中较为接近基层的系统，因此得到的信息对于市级而言更少、也更细致和琐碎，如何处理这些细杂信息就是县（区）域新型智慧城市处理数据的难点。针对服务提供者内部，通过挖掘和分析数据，将数据层和平台层传输的数据高效显示，可提高运行监控平台监测和决策效率；将政务服务办理烦琐、分散的流程集中化，建设统一业务处理平台，提高办事效率；集成公共资源管理配置，将资源最大程度地利用在最需要的地方；特殊资源要做到特殊对待和利用，结合使用方式进行特殊的资源开放和利用，打造对应的子平台，提高办事效率。如公安、城建、市场监管等。针对接受服务群体，提供一站式网上平台；针对使用率高的应用，设置相应的子系统平台，通过大数据和平台整合，经统一平台入口进入。

四、民生层面

十九大报告再一次强调了智慧城市的发展要注重以人为本，因此，县（区）域智慧城市要以围绕现代城市中"人的需求"为主要，结合"政府的需求"，利用先进的大数据、云计算、人工智能、区块链等技术进行信息化建设工程，建设涵盖市民生活、政府管理活动方方面面的智慧应用。智慧城市建设要更贴近人民群众的生活，突出整合信息惠民应用，提升公共服务水平，慢慢形成省、市、县（区）、乡镇的多级联动综合服务系统，切实减少居民办事时间，降低企业时间成本，提升政务服务效率。瞄准市民关心的"就医难、出行难、就学难"等现实利益问题，深挖问题背后的深层次问题根源，通过延伸扩展、共建共享，努力实现党委政府施政方针与市民实际需求的精准对接、同频共振，不断完善社会治理体系，提高全区治理能力，推动综合治理的现代化转型。

民生领域的智慧城市建设，要注重增加平台、生态思维的创造性运用，梳理群众需求及需求管理的重点领域，根据业务模型、行业知识及计算能力，县（区）域新型智慧城市平台，利用基础数据、系统架构的计算力，以及先进的业务机理模型与特定的算法，有效提升民生领域的"智能"应用水平，支持不同层次的数据计算和分析互动的出行、医疗、社区、金融等不同民生领域的智能化方案。智能化时代，产业变革由数据驱动，智慧城市民生治理体系和治理能力现代化趋势突飞猛进。县（区）域新型智慧城市建设，也要着重突出县（区）域数字经济的发展特色，坚持"增加企业需求、协调政府政策"机制，重点抓好工程承包、人才引进、产业聚集、税收征管关怀，打造"四位一体"数字经济生态发展链、人才链、技术链和资金链，吸引更多的人才助力县（区）域智慧城市建设工作，为保就业提供有力支撑。

参考文献

[1] 周丽君．美国哥伦布市的"智慧城市"建设［J］．中国测绘，2013（6）：26．

[2] 吴青．欧洲"智慧城市"建设及启示［J］．城乡建设，2014（5）：88-89．

[3] 郝寿义，马洪福．中国智慧城市建设的作用机制与路径探索［J］．软科学，2020（1）：81-91．

[4] 陈正伟．中国智慧城市建设现状与趋势［J］．中国建设信息化，2018（13）：21-23．

[5] 傅一平．智慧城市必不可少的五大关键技术［J］．计算机与网络，2020（11）：50-51．

[6] 简灿良．智慧城市时空大数据云服务设计与实现［C］//第二十二届华东六省一市测绘学会学术交流会论文集（一），2021：26-28．

[7] 邢呈勇．基于智慧城市建设的5G无线网网络规划研究［J］．智慧中国，2021（11）：74-76．

[8] 王树东．县级智慧城市建设探索与实践［J］．信息技术与标准化，2019（8）：90-94．

[9] 谭怡，史冬柏．抓住战略契机促进智慧城市发展［N/OL］．辽宁日报，2015-09-22（007）．DOI：10.28534/n.cnki.nlnrb.2015.004357．

[10] 黄宏伟．农村社区建设对中国乡村关系的影响研究［D］．长沙：湖南师范大学，2010．

[11] 陈文胜．中国县域发展的基本特征与历史演进［J］．中国发展观察，2014（6）：30-31．

[12] 王丹丹，戴彧，王威．以智慧城市建设推动县（区）域高质量发展的路径研究［J］．中国经贸导刊（中），2020（3）：11-13．

[13] 姜德峰，齐瑞瑞．智慧城市基础设施建设与评估［J］．电视技术，2013，37（14）：4-5．

[14] 任涛．某地电子政务外网的设计与实现研究［D］．南京：南京邮电大学，2019．

[15] 台州市人民政府公报．台州市人民政府办公室关于印发《台州市加快推进5G网络建设和产业发展实施方案》的通知［R］．2020.5．

［16］康正宁．智慧城市的基础设施投资效率、机理与投入产出分析［D］．上海：上海社会科学院，2021．

［17］孔令礼．面向智慧城市的大数据中心建设方案设计［J］．测绘通报，2017（10）：143-147．

［18］美国电信工业协会工程师委员会．TIA-942-A 数据中心基础设施标准［S］．2012．

［19］AI 架构师易筋．服务器灾备解决方案——两地三中心［EB/OL］．［2020-01-27］．https：//blog．csdn．net/zgpeace/article/details/104096446．

［20］武传胜．网络物理防火墙的设计［J］．计算机工程与设计，2004（12）：2264-2265．

［21］谭蒙，孙娟．大数据在智慧城市研究与规划汇总中的应用［J］．天津科技，2020，47（7）：122-124．

［22］石宇良．智慧城市与大数据［J］．杭州（周刊），2015（7）：40-43．

［23］石子夜，王胜海，于晓松．数据资源系统架构设计［J］．数字图书馆论坛，2006（7）：8-11．

［24］程子韬，吴洁，赵海龙．智慧城市空间数据枢纽技术体系研究［J］．住宅产业，2020（8）：45-48．

［25］杨崇俊．网格化是基层治理体系和治理能力现代化的重要抓手［J］．发展研究，2021，38（9）：21-28．

［26］山东省大数据局．山东省率先发布全国首套分级分类推进智慧城市建设的地方标准［J］．现代建筑电气，2020，11（4）：61．

［27］郭苹．物联万端，云展智慧，美丽校园——未来智慧校园的前景展望［J］计算机光盘软件与应用，2013，16（20）：33-34．

［28］朱黎阳．大力发展循环经济助力实现碳达峰碳中和目标——解读《关于完整准确全面贯彻新发展理念做好碳达峰碳中和工作的意见》［J］．表面工程与再制造，2022，22（1）：11-14．

［29］教育部．教育部关于印发《教育信息化2.0行动计划》的通知［R］．中华人民共和国教育部公报，2018（4）：118-125．

［30］袁辉．对《新一代人工智能发展规划》的解读［J］．科技风，2018（31）：37．

［31］中共城阳区委、城阳区政府．"阳光城阳"建设三年行动计划（2020—2022年）［EB/OL］．［2020-06-10］．http：//www．chengyang．gov．cn/n1/n6/n2074/n2799/n2800/n2803/200619144328184145．html．

［32］凤阳县人民政府．凤阳县召开"数字凤阳"建设总体规划（2020—2025年）编制座谈会［EB/OL］．［2020-12-10］．https：//www．fengyang．gov．cn/zwdt/zwyw/278244168．html．

［33］合肥市人民政府．合肥市新型智慧城市建设三年行动计划（2018—2020年）［R］．2018．

[34] 湖南省人民政府. 湖南宁乡五大支撑体系推动"互联网+政务服务"试点建设［EB/OL］.［2017-11-07］. http：//www.hunan.gov.cn/topic/hlw_zwfw/jytg/201711/t20171107_4669959.htm.

[35] 鹰潭市人民政府. 鹰潭市大力发展物联网及智能终端产业若干政策措施的通知［R］. 2018.

[36] 梁建强. 从"钢的城"到"智慧城"展现城市治理新理念［N］. 新华每日电讯［EB/OL］.［2021-08-31］. http：//www.news.cn/politics/2021-08/31/c_1127810 826.htm.

[37] 吴杉. 加快建设新型智慧城市路径与对策研究［J］. 行政事业资产与财务, 2021（14）：2.